湿地中国科普丛书

POPULAR SCIENCE SERIES OF WETLANDS IN CHINA

中国生态学学会科普工作委员会　组织编写

人与自然
湿地自然教育

Nature Education via Wetlands

洪兆春　庄　琰　主编

中国林業出版社

图书在版编目(CIP)数据

人与自然——湿地自然教育 / 中国生态学学会科普工作委员会组织编写；洪兆春，庄琰主编. -- 北京：中国林业出版社，2022.10（2024.12重印）
（湿地中国科普丛书）
ISBN 978-7-5219-1903-5

Ⅰ.①人… Ⅱ.①中… ②洪… ③庄… Ⅲ.①沼泽化地—自然教育—中国—普及读物 Ⅳ.①P942.078-49

中国版本图书馆CIP数据核字(2022)第185386号

总 策 划：王佳会
策　　划：杨长峰　肖　静
责任编辑：何游云　邹　爱　肖　静
宣传营销：张　东　王思明　李思尧

出版　中国林业出版社（100009　北京市西城区刘海胡同 7 号）
http://www.forestry.gov.cn/lycb.html　　电话：（010）83143577
印刷　北京雅昌艺术印刷有限公司
版次　2022 年 10 月第 1 版
印次　2024 年 12 月第 2 次
开本　710mm × 1000mm　1/16
印张　18.5
字数　198 千字
定价　68.00 元

湿地中国科普丛书

《人与自然——湿地自然教育》

编辑委员会

序言

湿地是重要的自然资源，更具有重要生态系统服务功能，被誉为“地球之肾”和“天然物种基因库”。其生态系统服务功能至少包括这样几个方面：涵养水源调节径流、降解污染净化水质、保护生物多样性、提供生态物质产品、传承湿地生态文化。同时，湿地土壤和泥炭还是陆地上重要的有机碳库，在稳定全球气候变化中具有重要意义。因此，健康的湿地生态系统，是国家生态安全体系的重要组成部分，也是实现经济与社会可持续发展的重要基础。

我国地域辽阔、地貌复杂、气候多样，为各种生态系统的形成和发展创造了有利的条件。2021年8月自然资源部公布的第三次全国国土调查主要数据成果显示，我国各类湿地（包括湿地地类、水田、盐田、水域）总面积8606.07万公顷。按照《关于特别是作为水禽栖息地的国际重要湿地公约》（简称《湿地公约》）对湿地类型的划分，31类天然湿地和9类人工湿地在我国均有分布。

我国政府高度重视湿地的保护与合理利用。自1992年加入《湿地公约》以来，我国一直将湿地保护与合理利用作为可持续发展总目标下的优先行动之一，与其他缔约国共同推动了湿地保护。仅在“十三五”期间，我国就累计安排中央投资98.7亿元，实施湿地生态效益补偿补助、退耕还湿、湿地保护与恢复补助项目2000余个，修复退化湿地面积700多万亩①，新增湿地面积300多万亩，2021年又新增和修复湿地109万亩。截至目前，我国有64处湿地被列入《国际重要湿地名录》，先后发布国家重要湿地29处、省级重要湿地1001处，建立了湿地自然保护区602处、湿地公园1600余处，还有13座城市获得“国际湿地城市”称号。重要湿地和湿地公园已成为人民群众共享的绿色空间，重要湿地保护和湿地公园建设已成为“绿水青山就是金

① 1亩=1/15公顷。以下同。

山银山”理念的生动实践。2022年6月1日起正式实施的《中华人民共和国湿地保护法》意味着我国湿地保护工作全面进入法治化轨道。

要落实好习近平总书记关于“湿地开发要以生态保护为主，原生态是旅游的资本，发展旅游不能以牺牲环境为代价，要让湿地公园成为人民群众共享的绿意空间”的指示精神，需要全社会的共同努力，加强湿地科普宣传无疑是其中一项重要工作。

非常高兴地看到，在《湿地公约》第十四届缔约方大会（COP14）召开之际，中国林业出版社策划、中国生态学学会科普工作委员会组织编写了“湿地中国科普丛书”。这套丛书内容丰富，既包括沼泽、滨海、湖泊、河流等各类天然湿地，也包括城市与农业等人工湿地；既有湿地植物和湿地鸟类这些人们较为关注的湿地生物，也有湿地自然教育这种充分发挥湿地社会功能的内容；既以科学原理和科学事实为基础保障科学性，又重视图文并茂与典型案例增强可读性。

相信本套丛书的出版，可以让更多人了解、关注我们身边的湿地，爱上我们身边的湿地，并因爱而行动，共同参与到湿地生态保护的行动中，实现人与自然的和谐共生。

中国工程院院士

中国生态学学会原理事长

2022年10月14日

前言

湿地是全球重要的生态系统之一，被誉为“地球之肾”“物种基因库”，具有涵养水源、净化水质、维护生物多样性、蓄洪防旱、调节气候和固碳等重要的生态功能，对维护生态、粮食、水资源、生物安全和应对全球气候变化具有重要作用。

中国政府于1992年加入《湿地公约》，成为《湿地公约》第67个缔约方。加入《湿地公约》以来，中国政府与国际社会共同努力，在应对湿地面积减少、生态功能退化等全球性挑战方面采取了积极的行动。《中华人民共和国湿地保护法》（以下简称《湿地保护法》）自2022年6月1日起施行。《湿地保护法》明确鼓励单位和个人开展符合湿地保护要求的生态教育、自然体验等活动。湿地自然教育是湿地保护的重要组成部分，通过系列教育活动，能将科学知识与在地保护经验结合在一起，让公众了解湿地，加入湿地保护行动，支持湿地可持续发展。

在人们的传统意识里，湿地被看作荒地、废地，对湿地的开发意识强于保护意识，特别是对于湿地作为一种独特生态系统，对社会经济发展所具有的重要作用还缺乏全面的认识。因此，有组织地开展系列湿地保护宣传活动，深入、广泛地开展全民性的认识湿地、保护湿地的自然教育活动，是支持湿地保护和可持续发展的重要方法。

本书是“湿地中国科普丛书”中围绕湿地自然教育展开的一本，也是国内第一本从中国湿地自然教育角度出发，有机整合全国各大湿地自然教育工作的实践案例集。全书按湿地的不同类型，如河流湿地、湖泊湿地、滨海湿地、人工湿地等，精选全国各大湿地自然教育工作者的实践工作，以案例的方式介绍如何发挥活动所在湿地的资源优势，突出活动的生态环境保护教育特点，展现国内湿地自然教育的成就。

湿地自然教育在引导公众正确认识湿地，培养公众对湿地的情感，发展人与湿地友好关系，促进湿地可持续发展等方面起着至关重要的作用。本书的案例有助于引导作为湿地自然教育行业人员的读者分析湿地资源、制定工作原则、设计主题活动、指导课程及研学等自然教育科普活动，为我国湿地保护科普教育提供可复制、可推广的理论与实践经验，对同类组织机构开展湿地自然教育活动有一定的借鉴意义。

中国湿地，广袤悠远，为我们开展湿地自然教育提供了自由思考和实践的空间。湿地自然教育在我国方兴未艾，无私的分享与不断的交流才能促进湿地自然教育蓬勃发展，从而影响更多的人共同行动起来，参与湿地保护。我们希望以此书抛砖引玉，在向世界展现中国湿地自然教育成就的同时，进一步提炼湿地自然教育的工作方法，借此机会引发国内有关专家学者对于在湿地开展自然教育工作的交流和思考，共同引领湿地自然教育走进千家万户，促进生态文明建设。

在中国生态学学会科普工作委员会的大力支持下，本书得以在有限的时间内编纂出版，谨向为本书的出版付出辛勤努力的案例提供者及中国林业出版社编辑们表示诚挚的敬意和感谢。希望读者在使用本书的过程中，能够提出有益的建议和意见，以便作为今后修订的依据。

本书编辑委员会

2022年5月

目录

案例目录

（傅定一/摄）

在湿地中感受自然而然的教育

湿地与我们的关系

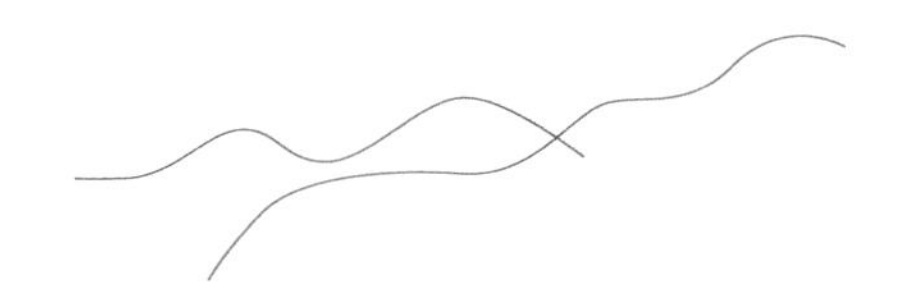

一、湿地守护地球生态

湿地具有重要的生态功能，主要体现在净化水质、提供水源、调蓄洪水、保持水土、调节河川径流和气候、抵御灾害、维持物质循环、保护地球的生物多样性等。

黄河湿地大天鹅（汪莲/摄）

二、湿地孕育人类文明

古代文明均发源于湿地流域，例如，古埃及、古印度、中国、古希腊和古罗马帝国文明分别源于尼罗河三角洲滩涂湿地、印度河流域、黄河流域、爱琴海海滨和地中海沿岸。湿地独特的环境，促使它成为人类部族社会和文明的发源地，以及文化发展的膨胀区，具有聚居娱乐、休闲旅游、科研教育等众多社会功能。

三、湿地蕴含经济价值

湿地除了具有不可替代的生态地位，还有可观的经济价值，主要体现在为人类提供淡水资源、生物产品资源、矿物资源和能源。湿地的生物资源和旅游资源是沿岸经济发展的重要支撑；湿地承载水运，我国内河水运以长江、珠江、京杭大运河、淮河、黑龙江和松辽水系为主体，承担了全国部分货运量，为日益频繁的贸易需求提供了运输基础；湿地蕴含丰富的矿物资源及水力、风力和泥炭等资源，为现代社会日益增长的能源需求提供了解决方案。湿地对促进人类文明和进步作出了巨大贡献。

四、湿地是一个教育宝库

近年来，我国湿地保护取得显著成效。以国家公园为主体的自然保护地经过多年建设，其美不胜收的湿地自然资源，便利快捷的交通条件和完备的场馆硬件设施为自然教育活动的开展提供了充分的支持，特别是各地城市湿地公园有便利的交通、丰富的生物多样性、完备的科普导赏解说系统，具备开展自然教育活动的条件。此外，政府支持湿地自然保护区、湿地公园等单位设立专门的科普宣传教育部门、

居延海湿地（吴祥鸿/摄）

配备相应的科普宣传教育资金，再加上在地公益组织的支持和推动，这些都为自然教育活动的启动、宣传和开展提供了便利条件。

2022年6月1日，《湿地保护法》正式实行。这是我国首部专门保护湿地的法律，标志着我国湿地保护走向法治化。《湿地保护法》第二十六条明确表示："鼓励单位和个人开展符合湿地保护要求的生态旅游、生态农业、生态教育、自然体验等活动……地方各级人民政府应当鼓励有关单位优先安排当地居民参与湿地管护。"这标志着在湿地开展自然教育活动有了法律支撑，受到国家法律保障。

湿地自然教育基本特征

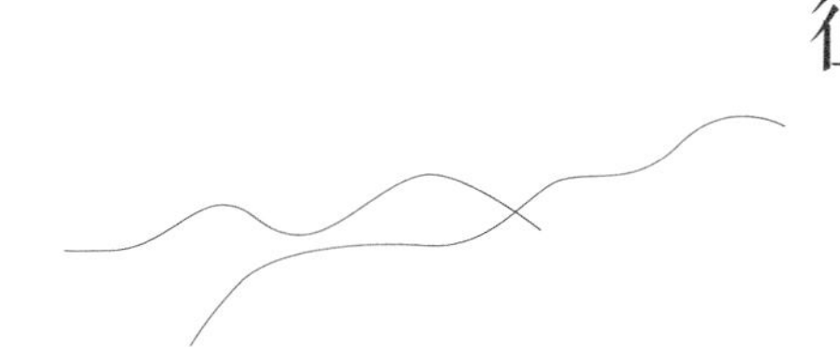

一、湿地自然教育的定义及核心要素

湿地自然教育是自然教育的一种类型，它以湿地自然环境为基础，促使人回归自然、认识自然、热爱自然，达到人与自然和谐发展的关系。湿地自然教育既是学校教育的补充和延伸，也是实现人的自我发展、人与自然和谐共生的重要举措。

湿地自然教育界定了自然教育的场所和主题：通常在湿地中开展，以了解湿地、保护湿地为重要主题。湿地自然教育是一种通过建立人与湿地的联结来加深参与者对湿地的认知，同时倡导关注、支持和参与湿地保护，促进人与自然和谐共生的教育活动。

在湿地开展自然教育活动，最直接的目的是帮助人们建立与湿地的联结，同时获得自然的滋养，促进身心健康发展，并且对湿地生态环境产生基本的认知和情感，关注、支持、参与湿地保护。

要建立与湿地的联结，在真实湿地环境中的体验和学习就必不可少。另外，听课、阅读、博物馆参观等室内活动也可以是湿地自然教育活动的一部分，成为参与者在自然中体验和学习的有益补充。因此，湿地自然教育概念的内涵包含了“主要在湿地中进行”“建立与自然、与湿地的联结”“对湿地产生认知和情感”与“参与湿地保护等”等多个核心要素。

二、湿地自然教育的类型

湿地自然教育能为各个年龄段的人提供教育的环境与内容。围绕建立人与湿地的联结，根据教育的主要内容，可将湿地中开展的自然教育形态分为三大类：一是利用湿地环境和场地进行自然知识的传播，教育内容主要是科学普及和环境教育；二是湿地中的历史文化主题教育，展示和宣传城市的湿地文化与历史文脉；三是通过湿地中的教育，促进公众的身心健康和艺术修养。

（1）以自然科学为切入点的湿地自然教育。湿地是生态系统的重要组成部分，在湿地中进行自然科学教育，可以充分利用湿地环境潜移默化、润物无声的教育作用，唤起公众对生活的热爱，对自然的热爱；帮助公众认识和保护生态环境，知道既要开发、利用自然资源，又要珍惜、保护自然资源；让公众了解人类与其他生物和环境之间相互依存的关系；加强环境道德教育，保护环境不受污染、生态平衡免遭破坏；使热爱大自然、保护野生动植物等生态环保意识深入人心，成为社会公德和行为规范。

在城市中，特别是大型城市，人们真正与大自然接触的机会较少，尤其是青少年。湿地则是进行生命科学、环境科学知识教育的优质且便利的天然课堂。湿地里的花草树木、水体、土壤等可以生动地演示自然的奥秘和自然规律，激发人们热爱自然，从而自觉行动起来保护环境。

近年来，围绕湿地特色物种保护来进行的自然教育活动很受欢迎，如东北林业大学开展的“鹤类保护的国际自然课堂”，通过在鹤类保护区对鹤的基本生物学知识、栖息地、濒危因素、与居民的关系等进行讲解、调查和探究，以户外荒野为主要课堂开展对水鸟的认知、观察和调研，激发学生对保护鸟类及其栖息地的同理心，提高保护意识。该活动受到较多公众关注。

（2）以历史文化为切入点的湿地自然教育。湿地既是文化的载体，也是历史的载体。现代湿地公园的景观设计常常将民族传统、地域文化、时代精神、科普知识等融于造景的手法之中，使人们在湿地中休息、游玩的同时还能获取知识、陶冶情操、提高艺术文化修养，同时也塑造了不同地域的文化特征。所以，湿地的文化服务所产生的精神产品和社会效益是难以估量的。湿地作为自然、文化教育课堂，对诗歌、绘画、摄影、文学、影视作品有着启迪

保护湿地知识宣讲课堂（于现荣/供）

作用。此外，各种社会文化活动如歌唱、健身、演出、展览等在城市绿地中的开展，不仅陶冶了市民的情操，还提高了人们的文化水平。

（3）以身心健康为切入点的湿地自然教育。个人的成长包括身体健康，也包括智力成长和心理健康等要素。研究表明，优质的环境对人的成长具有不可忽视的促进作用。湿地为公众提供了大量的公共活动空间，这些空间可以是健身环境和休闲场所，也可以是氛围良好的户外学习环境。绿色开放的湿地为社会交往和自然教育活动的开展提供便利。湿地优美的环境、轻松的氛围可以让自然教育参与者心情愉悦，在放松身体的同时也滋养心灵。

三、湿地自然教育的开展方式

目前，我国湿地的主流自然教育活动往往以自然科学为主要切入点，融合历史文化与身心健康的内容同步开展。这些活动围绕着让参与者充分了解湿地、保护湿地、促进人与湿地和谐共生而进行。湿地教育活动的开展方式、方法包括湿地自然体验、湿地自然游戏、湿地自然观察、湿地自然记录、湿地自然解说、湿地保护行动等。

（一）湿地自然体验

一种在湿地中体验自然的活动形式。人们通过在湿地环境中的感官活动建立起人与湿地的联结。它引导参与者充分调动自己的五种感觉，即视觉、触觉、听觉、嗅觉、味觉去体验大自然中深刻、微妙、令人喜悦又发人深省的现象，促使人对自然有更深层次的理解、思考和感受，进而在精神和心灵层面有所收获，同时起到放松身心、内省自身的作用。如《自然教育通识》中所述，自然体验并不

自然教育基础培训中的自然体验（张燕芸/摄）

以知识教学为主，而是强调通过和大自然的直接接触，同自然产生情感的联结，进而在与自然的互动中得到情感的升华。

案例1 “南湖自然有故事”系列湿地自然教育活动

安树青　陈佳秋　张灿　何旖雯[①]

【实施地点】江苏南湖省级湿地公园。

【策划设计思路】被称为“地球之肾”的湿地，是自然界最富生物多样性的生态系统，也是人类最重要的生存环境之一，与森林、海洋并称为全球三大生态系统。湿地可以有效蓄水、抵抗洪峰；能够净化污水，调节区域小气候；还是水生动物、两栖

① 作者单位：南京大学常熟生态研究院。

动物和其他野生生物的重要栖息地。常熟隶属于江苏省苏州市，是典型的江南水乡，以河流湿地、湖泊湿地为主的湿地历史源远流长，丰富的湿地资源滋养了姿态万千的湿地精灵，也孕育出悠久深厚的湿地文化。作为全国林草科普基地和全国自然教育学校，南京大学常熟生态研究院以做好未成年人生态文明建设工作为己任，引领少年儿童融入自然，探索家乡文化，了解湿地生态，体验民风民俗；带领青少年走进自然，关爱自然，实现科学知识与人文艺术的融合学习。

【活动对象】5岁以上亲子家庭，小学研学班级，初中和高中班级基于问题的学问（problem-based learning，PBL）小组，大学生课程实践小组。

【活动时长】150分钟。

【活动内容】

（1）走进身边的湿地，绘写自然笔记。在南湖湿地公园内组织并引导参与者呼吸自然的空气，感受自然的美好。

（2）自然遗落物拼贴画。了解落花落叶的植物生理机理；认识自然遗落鸟羽的作用；理解湿地生境的四大功能，尤其是支持和供给功能；用自然遗落物创作作品，欣赏自然的美，尊重生物生存的权利。

（3）参观湿地科普馆。常熟市湿地科普馆展示面积约3000平方米，设置有五大主题展厅，主要展示科普湿地基础知识，解读湿地文化，展示常熟本地的湿地格局、特色和变迁过程。参与者可以通过丰富多彩的展厅内容深入了解湿地知识和常熟湿地文化。

（4）为南湖湿地做体检——水质、生物调查。南湖是常熟市第三大湖泊，湖面面积2.29平方千米，湖体狭长，形如残月。20世纪60年代，血吸虫肆虐，为了进行血防工作，湖滩小岛被垦种成田，部分被开挖成鱼池，生态环境遭到严重破坏。经过实施生态修复工程，积极开展退塘还湿、退渔还湖等生态修复措施，南湖湿地如今已经形成水草丰茂、鸟语花香、鱼跃蛙鸣的美好湿地景观，成功创建了湿地修复典型模式，为常熟及周边区域湿地恢复起到生态示范引领作用。通过现场体验水质调查，让参与者了解水质调查中各项指标的意义，学习如何辨别水质好坏；通过生物调查，理解防止湿地破坏和环境污染的重要性。

（5）湿地科普课堂。在南湖湿地公园访客中心设置科普课堂，邀请南京大学常熟生态研究院工作人员或湿地相关负责人做讲座，使参与者系统了解湿地破坏和生态退化现象，国家和家乡所在区域湿地现状以及生物的遗传和进化特征；知道不同物种对湿地生境有不同要求；理解各种生物通过食物网相互联系构成湿地生态系统；明白自然环境各要素之间的相互联系和相互制约；意识到湿地保护的重要性；树立可持续发展观念。

（6）活动分享，研讨会。通过填写问卷调查、以小组形式开研讨会、撰写PBL小论文等方式来总结参与本次“南湖自然有故事”系列湿地自然教育活动的收获，举例说明个人参与湿地保护的途径和方法，并就提高公众参与的有效性提出建议。

（7）反馈表收集评估。南京大学常熟生态研究院工作人员收集问卷调查等反馈表，依据自身条件设施，通过多种途径和多种方式进行总结与评估，为下次活动改进提供基础，创造性地达成自然教育目标。

【组织实施】

1.前期准备

活动马甲，前期设计的记录单、自然笔记、问卷调查表，自然遗落物拼贴画样品、双面胶、剪刀，采水器，水质检测仪（如果有自然观鸟环节则增加望远镜）。

2.活动过程

（1）户外赏景，绘写自然笔记（30分钟）。

（2）自然遗落物拼贴画（20分钟）。

（3）参观湿地科普馆（30分钟）。

（4）为南湖做体检——水质、生物调查（20分钟）。

（5）科普课堂（30分钟）。

（6）活动分享，研讨会（20分钟）。

（7）活动结束后，反馈表收集评估。

【活动创新性】本系列活动将自然教育与科学实践有机融合在一起，做到以素质培养为教育目标，力争通过生态教育促进参与者学习自主性，引导参与者通过对南湖湿地公园自然生态的直接观察，以及动手实践拼贴画、水质调查，理解各种自然与湿地知识及其与日常生活的联系，并尝试运用所学知识分析和解决周围的生态问题，做到了多学科的渗透。在教学过程中注重让学生在“南湖生态修复案例”以及“水乡文化”中自己挖掘课题，并就此进行调查和研究。本系列自然教育的教学过程鼓励参与者与讲师之间进行密切沟通和交流，也为参与者们提供了互相分享和交流的机会，创造了融洽和相互支持的人际环境。

【总结评价】活动结束后，研究院工作人员通过回收调查表和自然笔记，记录活动参与人意见，形成一套具体的反馈体系；通过统计问卷调查表中与活动主题内容密切相关的基础问题的正确率来评估活动效果。本系列活动也与常熟市昆承湖外国语学校、江苏省常熟中学合作，以开放、无边界的课堂，真实情境下的学习，打破学科间的壁垒，激发学生的创造力。本系列活动中，自然观察环节以及生物调查环节在其余各湿地公园中均可以推广复制，引导更多公众走进自然。

（二）湿地自然游戏

指根据事先确定的规则，以竞争、挑战、模仿等方式，通过在湿地环境中有意识地玩耍，增加在自然中的互动，达到一定学习目标的活动形式。自然游戏强调遵守提前约定的游戏规则，以团队或者个人任务的形式来完成，而自然体验则没有硬性的要求，更强调个人在自然中的主观感受。自然游戏可以把枯燥难懂的生态知识和生态伦理，以游戏的形式表达出来，增加了趣味性和参与性，让儿童和成人更容易理解其内容及背后的自然道理。自然游戏还可以促进团队成员间的凝聚力与合作精神，也可以使亲子之间的关系更加融洽。

（三）湿地自然观察

湿地自然观察是在湿地环境中对自然物甚至非自然物以及它们之间的关系进行寻找、记录的过程，通过亲身实践，帮助人们增加个人的湿地自然经验。湿地自然观察鼓励大家学会欣赏湿地的神奇与壮美，感受湿地的日夜与四季变化。在自然观察过程中，我们会发现叶片有不同的颜色与形状，蝴蝶有轻盈的舞姿和美丽的图案，还能倾听到各种虫鸣鸟叫，分辨花香果味。更重要的是，通过观察，我们可以去了解湿地生物之间、生物与环境之间发生的故事与彼此的关系，去理解整个生态系统运行的规律。

案例2　邂逅湿地精灵——狸藻

高源[①]

【实施地点】北京奥林匹克森林公园湿地。

① 作者单位：北京自然博物馆。

【策划设计思路】

1.目的

（1）寻找并了解湿地中珍稀濒危食虫植物——狸藻。

（2）学习湿地及湿地植物的基础知识。

（3）掌握自然观察的基本方法。

2.意义

（1）学习如何走进湿地观察湿地植物。

（2）明确湿地的生态功能及与人类的关系。

（3）提高学生保护湿地及湿地植物的意识。

【活动对象】3～6年级小学生和亲子家庭。

【活动时长】60分钟。

【活动目标】

1.知识点

（1）湿地的定义、分类及意义。

（2）湿地植物的特点与分类。

（3）狸藻的形态特征与捕虫行为。

2.技能和能力

（1）学习科学观察工具的使用。

（2）学习植物的科学观察方法。

（3）学习湿地植物的科学表述。

3.情感、态度、价值观

（1）热爱自然，敬畏生命。

（2）保护湿地与湿地植物。

（3）关注北京本土濒危食虫植物。

【组织实施】

1. 前期准备

“湿地，我们的朋友”互动游戏卡、学习观察单、铅笔、橡皮、放大镜、采集盒、采集网、手持显微镜、望远镜、软尺、狸藻放大教具、户外讲解器、相机、原创狸藻周边礼物。

2. 活动过程

环节一：湿地，我们的朋友

提示学生参与游戏互动，通过游戏让自己和家长一起了解湿地的定义、湿地的主要类型及湿地的主要生态功能。充分调动学生和家长的参与感，激发兴趣，留足自主探究的时间。

环节二：湿地植物知多少

提示学生认真听教师讲解。这部分主要锻炼学生和家长的倾听能力。参与者主动倾听，获取有效信息，完成学习单的相应题目。

环节三：寻找湿地精灵狸藻

鼓励学生和家长使用望远镜耐心、仔细地在水面寻找狸藻。有机会近距离采集观察时，引导学生和家长用放大镜观察狸藻的捕虫囊，并用绘图的方式记录下自然观察的过程。充分运用原创的狸藻放大模型，让孩子充分使用和体验各类自然观察的科学工具。

环节四：我为狸藻保护代言

鼓励学生和家长用自己喜欢的方式进行科学表达，为保护濒危珍稀湿地植物狸藻发声代言。学以致用，把湿地教育活动的收获马上转化为科学传播的能量。

【活动创新性】

（1）充分利用城市湿地户外环境进行观察教学。

（2）选择北京本土濒危物种狸藻作为教学内容。

（3）亲子教学设计，呼吁“育儿育己”教育理念。

（4）研发设计狸藻及捕虫囊的放大模型服务教学观察。

【活动评价】活动结束后，教师就活动中学生的表现进行总结和开展过程性评价；也请家长和学生分享课程活动的感受，开展自主评价；同时，现场收集学习单，通过学习单进行结果性评价。

“邂逅湿地精灵——狸藻”是“这里是北京”本土物种保护主题研学活动课程中的一节，2021年荣获首都科普展览教育活动金牌课程。狸藻课程活动的相关成果，还被写成科普文章发表在《初中生之友》的杂志上。北京正泽学校将狸藻课程活动引进学校，与学校师生交流分享。

活动具有可持续性。参加活动的学生和家长都对狸藻这种珍稀的湿地植物产生了浓厚的兴趣，还组成兴趣小组坚持观察狸藻一年中不同季节的生长变化。有一位北京市通州区的高一学生还以狸藻为研究对象，开启了相关的专业研究工作，准备参加北京市中小学生金鹏科技论坛的比赛。

活动具有可复制性。只要有狸藻存在的湿地都可以开展这个活动，研发制作的狸藻放大模型及纪念徽章也可以实现复制量产。

（四）湿地自然记录

参与者通过不同的记录形式，把活动过程中对湿地自然现象的观察结果，以及在观察中产生的理解、思考和感悟记录下来，强化人与自然联结的活动形式。自然记录的形式多种多样，常见的有自然笔记、生态摄影、绿地图、自然音乐、自然创作等。自然记录可以进一步强化参与者对自然的理解，提升参与者在活动中的专注力，同时，沉淀所学习的知识，增加活动的体验感和活动的产出。自然记录可以帮助参与者总结自己的发现，表达自己的感受，并将它们通过记录的形式呈现出来。这些自然记录，还可以和家人、朋友一同分享。自然记录的累积，也是个人自然经验成长的一个成果，甚至可以用来补充当地的物种记录。

案例3　池畔寻蜻

李乐[①]

【实施地点】海口五源河国家湿地公园。

【活动主题】蜻蜓被称为飞翔的宝石，它们色彩艳丽、生活史有趣、飞行技巧高超。本课程以蜻蜓和豆娘这两种蜻蜓目的昆虫为学习主题对象，通过解说、学习观察辨识技巧，认识蜻蜓与湿地之间的关系，并了解保护湿地的重要性。

【活动目标】

（1）学习蜻蜓和豆娘的观察方法，了解它们的差别。

（2）了解蜻蜓和豆娘的生态习性及与湿地的相互关系。

（3）学习尊重自然、爱护生命的自然观察态度。

【活动对象】1～6年级小学生，可扩展至初中。

【活动时长】1.5～2小时。

【组织实施】

1.前期准备

讲解器、捕虫网、瓶子、蜻蜓收集卡、蜻蜓折

① 作者单位：海口畓畓湿地研究所。

页、彩色水笔。

2. 活动过程

具体活动过程见下表。

活动内容及目标

活动名称	活动目标	活动内容	器材
引入（10分钟）	联结	介绍活动内容，用互动问答的方式了解学生对蜻蜓的理解和曾经与蜻蜓有关的经验	讲解器
构建：初识蜻蜓（30～40分钟）	学习蜻蜓目昆虫的观察方法和辨识技巧	1. 老师介绍蜻蜓目昆虫特点，蜻蜓和豆娘的差异，蜻蜓的生活史； 2. 讲解捕捉方法，强调尊重生命的观察态度； 3. 要求如果能看清蜻蜓就不捉；如用网捕捉蜻蜓，需要轻拿，一个瓶子装一种，观察记录好了就放飞	讲解板、捕虫网
实践：蜻蜓收集加游戏（35分钟）	用游戏的方式理解蜻蜓的多样性	1. 分组（2人一组）领工具、折页； 2. 分散观察蜻蜓，填写蜻蜓搜集卡，填好后就放飞捕捉的蜻蜓； 3. 完成3～5种蜻蜓涂色卡后，用蜻蜓图鉴定	捕虫网、瓶子、蜻蜓收集卡、蜻蜓折页、彩笔、蜻蜓图鉴
分享（20分钟）	梳理观察所得	1. 请几位学生上台分享自己的发现和制作的蜻蜓卡； 2. 比一比谁发现的蜻蜓数量最多、体形最大、飞行速度最快	已涂色蜻蜓收集卡、讲解板
总结（15分钟）		1. 回顾今天的活动内容； 2. 复习观察蜻蜓的方法和与蜻蜓相关的知识点； 3. 填写评估问卷	问卷

【活动创新性】做蜻蜓观察的自然教育活动很多，与其他课程相比，本课程创新的地方在于学生们搜集的是含有蜻蜓信息的蜻蜓卡片，而不是搜集蜻蜓本身，这对于减少活动中对蜻蜓的伤害有着显著的意义，可以帮助学生了解并建立尊重自然、爱护生命的自然观察态度。

（五）湿地自然解说

这是运用解说媒介或手段，将湿地自然生态的专业知识、湿地保护的核心理念转化为公众易于理解并有兴趣了解的表述方式，实现一种更有效的传播、沟通和教育，进而实现自然教育的目标。自然解说的重点是引导参与者去理解自然现象背后的原理，了解自然与人的关系，进而用科学的思维和方法去面对和解决环境问题。

案例4 “赛先生来了！”线上科普系列——湿地寻踪

林晓燕[1]

【实施地点】北京自然博物馆公众号和馆方网站。

【活动主题】“赛先生来了！”线上科普系列之“湿地寻踪”。

“湿地寻踪”是北京自然博物馆“赛先生来了！”线上系列活动之一，由北京自然博物馆志愿者策划实施。活动通过线上广播剧、人工生态湿地仿生缸制作及水环境生态治理相关视频，以及北方湿地植物、湿地鸟类的科学绘画展示和教学视频等形式，围绕北京“小微湿地”保护，开展系列线上科普活动。

【策划设计思路】

小微湿地对城市生态环境改造、净化水域、城市泄洪、营造城乡美丽景观、提供休闲娱乐等方面都起着重要作用。《北京市湿地保护发展规划“2021—2035”》提出将在北京构建“一核三横四纵”的湿地总体布局，明确到2025年，湿地生态功

① 作者单位：北京自然博物馆（志愿者）。

能得到改善，湿地保护率不低于70%，小微湿地修复数量不少于50个；到2035年，小微湿地数量不少于100个。

为了让广大公众了解身边的小微湿地，活动组织者从不同角度将小微湿地生态特征、功能、建设与修复等内容向公众揭秘，希望广大公众理解城市小微湿地和人工湿地的重要性，从而爱护小微湿地，共同营造北京城乡湿地美丽景观。

【活动对象】北京自然博物馆公众号和北京自然博物馆官网浏览公众。

【活动时长】该系列共分三部分，每部分内容10~15分钟（音频介绍）。

【活动目标】

1.知识点

（1）湿地、小微湿地和人工湿地的概念、内涵、分类体系、生态特征以及生态功能等知识内容；“十四五”期间对北京湿地的整体规划布局。

（2）人工生态湿地建设以及修复的原则、原理以及修复要素等知识点；水环境生态处理项目的工作内容及成果展示。

（3）北方湿地生态系统中的植物和鸟类特征，丰富多彩的湿地动植物资源；不同类型小微湿地的植物配置。

2.技能和能力

（1）认识家附近的小微湿地。

（2）认识小微湿地的动物和植物。

（3）制作湿地生态缸模型的技能。

（4）湿地动植物绘画技能。

3.情感、态度和价值观

城市的美观整洁离不开城市生态系统的和谐与稳定。城市居民了解城市生态系统，洞悉其背后的科学原理及科学技术，是人们主动参与城市生态建设与保护的前提条件。了解小微湿地在城市水生态系统中的服务功能，了解科学技术对于城市水环境改造的重要意义，从而增强公众的环保意识，使他们能够爱护、守护、主动宣传身边的湿地资源。

【组织实施】

1.线上广播剧

通过4个虚拟人物角色在寻找“赛先生”过程中的对话互动，讲解小微湿地的科学内容，传播湿地、小微湿地和人工湿地的概念、内涵、分类体系、生态特征以及生态功能等知识，使参与者了解“十四五”期间北京湿地的整体规划布局。

2.人工生态湿地仿生缸制作及水环境生态治理相关视频

通过模拟人工生态湿地，了解生态湿地建设以及修复的原则、原理以及修复要素等知识点；通过工程技术人员完成水环境生态治理项目的工作照片、视频，了解水环境处理项目的工作内容及成果。

3.北方湿地植物、湿地鸟类的科学绘画展示和教学视频

通过北方湿地植物和湿地鸟类的科学绘画视频教学，了解北方湿地生态系统中的植物和鸟类特征，认识丰富多彩的湿地动植物资源，了解不同类型小微湿地的植物配置。

【活动创新性】

本案例是在新冠肺炎疫情防控的特殊时期开展的线上系列科普互动活动，注重趣味性、互动性和探索性。活动中三部分内容可以彼此独立，也可以

相互联系。该系列活动采用音频和视频录制的方式开展，在“探案故事”的情境下设置任务角色，采用探究式讨论、实验演示、任务驱动、动手体验等方法表演，希望让不同年龄段的公众都可以在收听或观看时有所收获。该系列中的工作人员皆为北京自然博物馆优秀的科普志愿者，希望借助自然博物馆志愿者多学科的专业背景，挖掘多角度的学科资源，不仅向公众传播自然生态科学知识，而且还结合工程学内容，制作生态缸模型，利用照片或视频展示不同领域的技术人员在维护北京生态环境建设中所作出的贡献。

志愿者在活动中参与了文案创作、配音、生态缸制作、绘画授课、音频和视频录制及后期合成等志愿服务工作。

【活动评价】

本活动可以在线上展示，也可以在馆内线下开展，受到了博物馆爱好者和公众的好评。生态缸制作简单，由基质、过滤系统、水生植物和动物构成。通过选择不同基质，可以讲解人工湿地处理不同类型污水的原理；通过绘制不同类型的湿地植物，可以讲解湿地植物在湿地生态系统中的重要作用，包括不同叶面吸附污染物能力高低等内容。

“赛先生来了！”线上系列虚拟人物插画（林晓燕/绘）

（六）湿地保护行动

湿地保护行动指公众通过实际的行为，对湿地环境和自然资源的保护作出贡献。湿地保护行动通常从以下几方面入手：创建、营造生物的栖息环境，例如，为湿地动植物营造生活环境（生境）、搭建动物巢穴；阻止破坏自然生境的行为，例如，清除湿地的入侵物种；解决生物面临的生存威胁，例如，防止鸟撞玻璃；直接行动改善生态环境，例如，清理湿地沿岸的垃圾；以及基于民间公益力量的湿地保护行动等。

案例5　湿地水生植物保护——莼菜的探究活动

贾倩[①]

【实施地点】重庆市石柱县莼菜基地。

【活动主题】重庆作为“三大火炉”，每当夏日来临总是异常的炎热，因此凉菜成为当地人夏日里最为喜爱的菜肴，其中，凉拌莼菜更因为其独特的口感深受人们的喜爱。莼菜有野生的，也有人工种植的。作为重庆市石柱土家族自治县特产，因为多年未做有效的品种提纯复壮和品种保护，莼菜种性退化比较严重，质量和产量都在下降，被列入我国国家一级保护野生植物（国务院1999年8月4日批准）。导致莼菜种性退化的原因是什么，我们能为保护莼菜做些什么呢？

① 作者单位：重庆市南岸区珊瑚浦辉实验小学。

【活动对象】3～4年级小学生。

【组织实施】

1.活动内容

前期查阅相关资料，了解并整理关于莼菜的基础知识。通过实地考察莼菜生长环境，制订莼菜保护计划，设计实验探究分析，种植秧苗，探究莼菜产量和质量下降的原因，提出保护建议。

2.活动过程

（1）资料查阅（2022年2月）

在家长的指导下，学生在网上查阅莼菜相关资料后整理成电子文档，并由组长进一步归纳整理，每一组形成自己的资料文档。

（2）实地考察（2022年3月）

由带队老师带领学生到重庆市石柱县莼菜基地进行考察，基地专家进行莼菜的讲座。结束后，每组学生针对本组准备的资料，请教基地的专家和种植莼菜的技术人员。

（3）莼菜实验（2022年3月）

①准备莼菜样品。

②设计实验。

③准备实验用品，并在老师的指导下完成双缩脲试剂的配备。

④完成实验，做好记录，对实验现象进行分析。

（4）莼菜种植（2022年3～5月）

①根据前期的资料、专家的指导以及实验结论，设计种植方案。

②选取莼菜种子并完成种植。

③观察和记录种植情况。

④根据种植莼菜的观察日记，分析莼菜产量减少的原因，并提出自己的建议。

【活动创新点】通过实验探究莼菜适合的水质，分析莼菜产量和质量下降的原因。活动紧跟现在的热门话题——保护环境，具有较强的教育意义，过程中能锻炼学生的思维能力，培养他们的实验操作能力。

【活动评价】

（1）过程性评价：对学生实验过程中的表现和小报进行评价。

（2）总结性评价：对学生根据本次活动撰写的论文进行评价。

（3）呈现形式：学生通过活动制作关于莼菜的小报。

（4）可推广性：本活动是基于水生植物的活动，也可以在全国其他地区开展相关活动。

四、湿地自然教育的特征

国家林业和草原局政府网发布的《自然教育的起源、概念与实践》一文中提到自然教育具有以下特征：注重自然体验，即自然教育不是坐而论道，不是课堂搬家，一定要走到户外、走进自然，亲自体验、亲身感受；强调向自然学习，汲取自然智慧，教育的方式是引导的、启发的、生成性的，不是灌输的、设计的、替代性的；开展自然教育旨在改善人与自然关系，激发尊重自然并保护自然的价值理念和行为方式。

通过对现有湿地自然教育案例的分析，我们可以发现，湿地自然教育一般具有如下特征：教育活动的开展是在湿地，强调真实的观察与体验，充分亲近自然，在自然中获得启发；教育活动的内容是对湿地生态系统的事物、

新疆伊犁河谷湿地（唐坤慧/摄）

现象及过程的学习、认知，以湿地中的实物为教学素材；其目的是认识湿地、了解湿地，启发保护湿地的意愿和行动，最终达到人与湿地和谐共生；开展湿地自然教育需要遵循自然教育所遵循的基本原则，即尊重自然，尊重人；以培养了解湿地、热爱湿地，有环境洞察力，能为保护湿地采取行动的地球公民为目的。

综合来看，可以把湿地自然教育定义为：通过围绕湿地环境开展的有计划、有目的、有组织的自然教育活动，使受教育者获得接触湿地的直接经验，从而学习湿地保护的相关知识，激发受教育者保护湿地的意愿和行动，最终达到人与湿地和谐共生。

五、湿地自然教育的意义

根据湿地自然教育的定义、类型和特征，笔者归纳出湿地自然教育具有如下几层意义。

（一）通过认识和了解自然以获得启发

湿地自然教育强调在湿地环境中的直接体验，不同于学校环境教育、媒体湿地科普等以知识输入和问题解决为导向的教育模式，自然教育从受教育者的体验、感受和情感出发，鼓励受教育者和自然的联结，可以提高受教育者走进自然的积极性，激发他们与自然互动的活力，培养他们乐观、坚强、独立、自信、有责任心的性格和品质；帮助他们更好地理解一些特定的概念来提高学习兴趣。

（二）习得湿地相关知识与能力，建立正确的生态伦理观

了解湿地的自然资源和人文资源，了解湿地的类型、形成过程以及湿地的动植物垂直结构分布等，了解保护湿地的方法和行动并进行反思。

湿地自然教育的推动以湿地环境的认知为起点，参与者可以在湿地中汲取实地经验展开学习，在学习湿地相关知识的过程中，巩固参与者对于湿地环境的认知。

同时，湿地环境的直接体验能够让参与者树立正确的生态观念。例如，一般大众容易对两栖动物和昆虫印象不佳，认为它们是有害动物而不敢靠近，但借由湿地环境的呈现，可以教育公众一件长期被忽略的事实：每一个生命对于维持生物多样性都具备不可替代的价值。因此，湿地自然教育可以帮助公众建立起正确的生态伦理观念，并对本土生态有更深刻的认知。

案例6　朱鹮飞回来了

高洁①

【实施地点】陕西汉中朱鹮国家级自然保护区、朱鹮生态园。

1.陕西汉中朱鹮国家级自然保护区

北依秦岭、南枕巴山，保护区总面积37549公顷，横跨陕西省汉中市洋县及城固县两县，区内环境优美、动植物资源丰富，是以保护朱鹮及其栖息地环境为主的湿地和森林类型的国家级自然保护区，也是全球唯一的野生朱鹮分布区和人工朱鹮种源基地。保护区承担公众宣传教育的重要职能，自2016年起逐步开展自然教育工作，主要以国宝朱鹮为核心，开发了“守望朱鹮”“朱鹮飞回来了”“朱鹮志愿者”等形式多样的活动。通过受众与自然之间的“互动—体验—感悟”，唤醒公众热爱自然、保护生态环境的意识。

2.朱鹮生态园

朱鹮生态园是保护区重要科研基地及对外窗口，承担着朱鹮人工种群饲养、繁育、科研以及公众宣传教育的职能。园区建立于1990年，总面积30亩，其中含朱鹮大网笼（模拟野外生态环境）、小网笼（人工繁育配对）、朱鹮科普宣传教育场馆等设施。目前，朱鹮人工繁育中心及下属种源基地共计饲养朱鹮230余只。

【策划设计思路】朱鹮属国家一级保护野生动物，1981年5月23日，在我国陕西洋县重新发现了仅存于世的7只野生朱鹮种群，至此拉开了朱鹮保护的帷幕。四十年来，朱鹮家族从“濒危”到“复兴”，历经艰辛，涅槃重生，也带动了秦岭等地的生态空间保护修复，伞护了其他野生动物种群，促进了当地绿色发展，是实现人与自然和谐共生的成功案例，为全球濒危物种的拯救提供了“中国方案”。通过“朱鹮飞回来了”自然教育

① 作者单位：陕西汉中朱鹮国家级自然保护区。

课程的实施，可以让来自全国各地的青少年了解我国朱鹮保护发展史，启发学生思考朱鹮与自然生态环境、人类之间相辅相成的关系，从而激发青少年关爱野生动物、守护自然环境，让青少年深怀对自然的敬畏之心，尊重自然、顺应自然、保护自然，构建人与自然和谐共生的地球家园。

【活动对象】6～15岁中小学生。

【活动目标】

1.知识点

（1）遇见朱鹮：学习了解朱鹮的生物学特征、生活习性；了解朱鹮与湿地的关系；通过社区调研，了解朱鹮之乡的绿色有机产业；通过稻田夜探，认识昆虫。

（2）朱鹮志愿者：学习了解野生朱鹮种群监测工作方法；通过职业巡护，体验巡护员的工作；了解朱鹮的伴生鸟；观测野生朱鹮归巢，做朱鹮保护志愿者。

2.意识和理念

（1）意识到人与朱鹮同在蓝天下，共享一个家园。

（2）意识到保护朱鹮及其栖息环境，是人类的责任，也是保护我们自己。

3.技能和能力

（1）能认识国宝朱鹮，了解国宝朱鹮的保护发展史。

（2）能学会野外观鸟方法，认识国宝朱鹮的3～5种伴生鸟。

（3）能学习朱鹮保护巡护监测的工作方法，了解样线法、同步调查法、社区调研等常用工作方法。

4.情感、态度和价值观

（1）对国宝朱鹮产生喜爱之情，为朱鹮保护发展史及朱鹮保护所取得的举世瞩目的成就而感到自豪。

（2）争做国宝朱鹮志愿者，有积极参与朱鹮保护的强烈意愿。

（3）愿意分享朱鹮保护故事，通过讲好国宝朱鹮故事来讲述中国故事，从而获得价值感。

【组织实施】

具体活动组织实施情况见下表。

“朱鹮飞回来了”活动行程安排

名称	时间	行程地点	课程内容	课程目标
国宝朱鹮的神秘朋友圈	上午	朱鹮栖息觅食地	野生朱鹮出飞、职业巡护、生态观鸟	1.了解朱鹮栖息地生态环境，启发受众思考人与自然的关系； 2.朱鹮巡护员职业体验，了解保护工作的基本步骤； 3.了解野生朱鹮与人工饲养朱鹮的区别； 4.学野外生态观鸟方法，辨识鸟类；揭秘朱鹮的神秘朋友圈
	下午		朱鹮生态园参观、科普宣传教育馆参观、朱鹮手工制作、知识讲座、朱鹮归巢	
国宝朱鹮和它的朋友们	全天	朱鹮种源基地	参观朱鹮种源基地、熊猫园、羚牛救助站和金丝猴基地	1.观测朱鹮、学习了解朱鹮生物学特征； 2.观测秦岭亚种大熊猫； 3.观测四不象的羚牛； 4.观测调皮的金丝猴
秦岭植物	白天	花园保护站	植物科普讲座、森林徒步、植物手作	1.植物科普讲座； 2.森林徒步，学习植物辨识方法、采集要点、植物标本制作方法、植物手作； 3.森林五感体验； 4.趣味游戏； 5.自然疗养
	夜间	夜探	昆虫辨识	1.稻田夜探； 2.灯诱昆虫
朱鹮之乡的生态产业链	上午	社区	社区调研	1.农户调研； 2.产业园区参观体验
	下午	室内	总结分享、结营	1.完成自然体验手册； 2.成果分享及展示； 3.结营、授予勋章和证书

【活动创新性】

（1）通过“互动—体验—感悟”的课程设计理念，让学生亲自参与朱鹮保护工作，体验保护工作的艰辛与不易，激发学生从小珍惜并热爱野生动物及自然环境的情怀。

（2）通过分体系、分年龄的课程设计，让受众的参与及体验与受众年龄结构相匹配，同时课程教具新颖、课程环节有趣，让自然体验者在快乐中习得知识。

【活动评价】在课程执行过程中发现，学生对体验互动的项目环节热情高于传统单一的授课形式，因此朱鹮自然体验课程主要采取以学生自主探究为主、教师引导为辅的模式。通过回访发现，受众对课程总体评价好，学生对朱鹮的热情持续高涨，课程受到全国各地中小学生的普遍喜爱。

朱鹮飞回来了（杨鑫/摄）

同时，教师会引导学生将朱鹮自然体验的收获在学校进行分享，让自然体验得以延续。特别是本地部分学校已经将朱鹮文化与校园文化进行结合，出现了“鹮蒙乐园”“朱鹮校歌”、校园朱鹮文创作品等形式多样的朱鹮文化产物。

（三）激发参与湿地保护的意愿和行动

湿地自然教育能够结合《湿地保护法》中所提及的生态旅游、生态农业、生态教育、自然体验等活动，并有意识地把解说的有形资源和无形资源联系起来，启发参与者深入思考，从而激发受教育者保护湿地的意愿，引导受教育者表达自己对于湿地保护的观点，并以宣传和参与湿地保护志愿服务行动等方式影响其他人做出行为改变，最终达到人与湿地和谐共生的目的。

案例7 “爱鸟净滩，守护黑鹳”武汉长江天兴洲湿地教育活动

武汉市观鸟协会

【活动地点】武汉长江天兴洲湿地。

【活动主题】宣传爱鸟护鸟，清洁沙滩，守护黑鹳等鸟类及它们赖以栖息的湿地。

【策划设计思路】天兴洲为长江武汉段江中岛，不仅江滩风光秀丽，还是特大城市三环线内重点保护的野生鸟类栖息地。国家一级保护野生动物黑鹳连续8年来这里越冬，最大种群个体达38只（2020年）。随着越来越多的市民上岛游玩，带来了一系列环境问题。志愿者多次发现沙滩上疾驰的车辆惊飞黑鹳，无序旅游带来的严重干扰可能迫使黑鹳放弃天兴洲这一越冬栖息地。针对长江天兴洲黑鹳栖息地面临的威胁，武汉市观鸟协会

越野车爱好者参与“爱鸟净滩，守护黑鹳”（武汉观鸟会/供）

持续开展保护宣传教育活动，向公众介绍黑鹳，普及户外游玩知识，讲解垃圾给环境带来的危害，使参与者了解如何保护鸟类和它们赖以栖息的湿地，通过净滩行动理解低碳环保的生活方式，从小事做起，参与环境保护。

【活动对象】社会公众（包括成年人和未成年人）。

【组织实施】

1. 前期准备

每场活动实施前到现场踏勘，制定详细方案；根据参与者的平均年龄、爱好等基本情况，有针对性地调整讲解方式和活动强度；做好宣传预案；备好活动物料。

2. 活动执行

（1）集合签到（10分钟）。

（2）公益导师介绍长江天兴洲概况，洲滩上栖息的黑鹳和其他鸟类，保护志愿者的目标，在郊野游玩的无痕原则等。利用图片展示、玩游戏的方式进行宣讲（30分钟）。

（3）分工、分组、分区域开展活动。讲解活动注意事项，根据分工发放垃圾夹、手套等净滩工具和调查问卷及填写工具，在沙滩的不同区域开展净滩和问卷调查（90分钟）。

（4）洲头集合，各组总结分享（30分钟）。

3. 注意事项

（1）妥善处理好垃圾：带走自己产生的垃圾。天兴洲位于长江江心，垃圾不仅会影响鸟类的栖息，还会污染水源。

（2）尊重野生动物：和包括黑鹳在内的野生动物保持一定距离，不进入鸟类栖息地，不挤占鸟类的生存空间。

【活动创新点】城市居民对本地旅游需求旺盛，向往荒野却忽略了自身行为对自然生态的影响，如何降低郊野旅游对野鸟的干扰和环境破坏，是重点鸟类栖息地保护亟待解决的问题。“爱鸟净滩，守护黑鹳”活动将观鸟和走过不留痕（leave no trace，LNT）相结合，教会参与者辨识和欣赏黑鹳等鸟类，了解鸟类对栖息生境的需求以及无序旅游对生态的破坏，懂得如何做环境友好的游客。

【活动评价】武汉的天兴洲是一片风景优美、生态良好的湿地，同时也是国家一级保护野生动物黑鹳越冬的栖息之地。通过向活动参与者宣传爱鸟净滩、守护黑鹳，带动社会各界关注天兴洲湿地保护。本活动辐射到了中南财经政法大学、中南民族大学、华中师范大学、华中科技大学、武汉纺织大学、武汉文理学院、湖北商贸学院、武昌首义学院等大专院校，青年学子们也纷纷加入守湿地、护黑鹳的行动中。“爱鸟净滩，守护黑鹳”活动，为公众搭建起学习生物学知识、了解野生动物保护法和湿地保护法、提升生态文明意识的良好平台。

国内外湿地自然教育发展概况

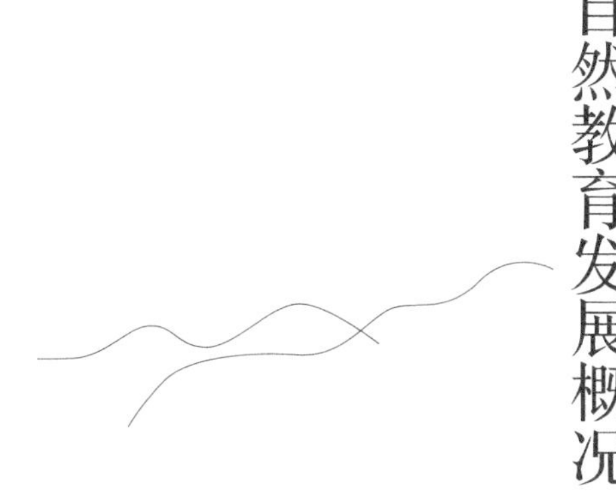

一、国外湿地自然教育发展概况

由于自然教育含义的广泛性以及地区差别，部分国家的“自然教育”以“环境教育”等名词呈现。国外发达国家针对湿地自然教育的主题、内容和模式可以从环境教育、森林教育、户外教育、野外教育等诸多方面的内涵来呈现。

作为自然教育不可或缺的组成部分，湿地教育的历史悠久，甚至能追溯到半个世纪以前，例如，自1946年起，英国野禽与湿地基金会（Wildfowl and Wetlands Trust，简称WWT）就在其总部英国斯林布里奇开展让人们和野生生物在一起互动的相关活动。而在美国，奥杜邦协会于1923年在纽约附近的牡蛎湾成立了他们的第一间湿地教育中心——狄奥多·罗斯福保护区和奥杜邦中心。

现代主流的国际湿地自然教育的发展，大致可以分成3个阶段：第一阶段跨越20世纪70年代至90年代初；第二阶段涵盖20世纪90年代初年至21世纪初；第三阶段涵盖2000年代初至2020年代初。

（一）第一阶段：系列课程开始出现

1971年批准的《湿地公约》是一项保护和可持续利用湿地的国际条约，它也标志着国际湿地教育进入第一阶段的开始。1992年，联合国召开了环境与发展会议（United Nations Conference on Environment and Development），又称地球高峰会。该论坛强调了促进全球范围内环境发展计划传播的重要性。此次峰会促成了全球众多环境条约和议定书的制定，并推动了成员国的进步。它还促成了成员国和非政府组织建立国际合作。“可持续发展”的概念是在本次大会中提出的，现在已成为环境讨论的关键词。这次会议及其后续行动标志着湿地教育第一阶段的结束。

第一阶段里比较有代表性的作品是美国于1983年出版的《发现：阿拉斯加海主题周系列课程概览》。其中，湿地和湿地鸟类的相关活动是让学生参与跨学科项目，这些项目涉及沟通、建模、品鉴、计数、听力、绘画、写作、比较、角色扮演、识别和观察的技能。澳大利亚在也在1985年成立了第一个湿地教育中心——猎人湿地中心（Hunter Wetlands Center），开展了例如“水观察（water watch）”等项目，并将湿地教育写入国家行动计划。

（二）第二阶段：对湿地教育活动的研究增多

湿地自然教育的第二阶段始于1993年在日本钏路举行的《湿地公约》第五届缔约方大会（COP5）。该会议建议使用湿地保护区来提高公众对保护区内湿地价值的认识（1993年第5.8条建议）。第六届缔约方大会（COP6）随后于1996年在澳大利亚布里斯班举行。这次会议通过一项决议来制定和实施关于湿地价值及其保护如何能为人类带来益处的教育和公众意识的倡议（1996年Ⅵ.19号决议）。

在湿地自然教育的第二阶段里，美国提供给教师在课堂上直接指导学生的材料中指南类数量显著增加。美国1993年出版的《教育引导行动：普吉特海湾的更多成功案例》（《Educating for Action: More Success Stories from Puget Sound》），介绍了通过其公众参与和教育示范项目基金，普吉特海湾水质管理局帮助当地组织提供了有助于解决当地环境问题的教育和公众参与计划，其中包括了保护湿地的项目。类似的还有美国1997年出版的《流域总管家》(《Master Watershed Stewards》)，此计划是一个试点项目，为社区提供了在当地参与保护水资源的机会。该计划源于俄亥俄州印第安湖开发公司的努力，该公司是一个由印第安湖地区居民组成的公民行动团体，致力于改善和保护印第安湖。流域总管家的目的是招募和指导一群志愿者，他们将在自己的社区从事各种保护水资源和污染防治项目。该计划材料涵盖了湿地主题。另外，在美国推行的《神奇湿地》(《The Wonders of Wetlands》)等教材，为从幼儿园到12年级的学生提供了全面的跨学科课程，致力于增进公众对湿地的了解，提高公众对湿地在改善水质和提高生物多样性方面的重要作用。

自1995年初以来，湿地相关研究不同领域的教育调查开始激增。1996年以来，《湿地公约》对湿地的文化价值越来越重视(例如，1996年Ⅵ.19号决议、2002年Ⅷ.19号决议、2005年Ⅸ.21号决议)。这种将湿地视为宝藏的重新评估正受到越来越多的关注。这种转变表明，社会科学研究将成为支持这种重新评估的焦点。

(三)第三阶段：地方社区行动受到更多关注

湿地教育的第三阶段于2002年开始，当时在南非约翰内斯堡举行了可持续发展世界首脑会议，也称为“里约+10”。本次会议评估了过去十年为缓解全球环境问题所做的努力，被认为是人类环境时代转折点的里程碑。此外，《湿地公约》第八届缔约方大会于2002年在西班牙瓦伦西亚举行。此次会议通过了2003—2008年《湿地公约》“传播、教育和公众意识计划”（communication，education and public awareness，CEPA），并指出了其总体目标（2002年Ⅷ.31号决议）。该决议还提到了沟通、教育和公众意识对可持续发展世界首脑会议或“里约+10”成果的重要性，并主张CEPA促进可持续发展，促进湿地的生态、社会、文化和经济价值。基于上述背景，将2002年确定为全球环境教育和可持续发展教育的起点是恰当的，因此，这一年标志着湿地教育第三阶段的开始。

在湿地教育的第三阶段，美国地方社区的行动受到更多关注。比如，社区管理计划让人们通过绿化活动找到治愈方法和希望，进一步加强了区域内和区域之间的社区团结和学习。这一时期的学校教材也有相应的进步。

日本的学术界已经开始讨论在2011年福岛大地震和核电灾难后重新评估环境教育的基本价值和目标的必要性，以在社区中发展抗灾能力。日本学校环境教育所使用的材料必须应对地震、海啸和洪水等自然灾害所带来的严峻挑战。由此可见，加强环境教育研究和实践已受到关注，尤其是影响自然灾害的因素，如海啸、地震和部分由气候变化引起的暴雨，以及核灾难后的放射性污染等人为灾害。

在伊朗，湿地的利用和保护成为了一种非农业替代手段。当地社区通过生态旅游和湿地教育创造了可持续生计。

英国则主要推行“民间候鸟”（migratory birds for people）项目，与30个东大西洋候鸟迁徙沿线上的湿地教育中心合作，传递候鸟和湿地信息，为湿地CEPA项目作出重大贡献。

韩国在湿地教育方面也展现出巨大潜力，现已有10个湿地教育中心，并建有网络资源共享平台分享信息和经验，积极推动湿地CEPA项目的各项活动。

综上可知，环境和基于湿地的教育有必要做出转变，以帮助民众构建新概念（如社会-生态复原力）。在人类文明被气候变化影响的关键时刻，湿地自然教育开始被视为可持续发展目标下环境教育的一个重要组成部分。因此，湿地自然教育不应局限于自然科学，而是应该融入包括社会科学在内的跨学科课程中，以使学习者具备湿地保护工作所需的相关知识、理解和沟通能力。各国应通过与湿地保护相关的知识传播、理解和交流来实现这一目标。

二、中国湿地自然教育的历史沿革

中国的自然教育是在当下新时代背景与社会环境下应运而生的产物。中国的湿地自然教育也一样，它受到了《湿地公约》的催化，却不是任何一种国际模式的简单复制。它根植于本土文化土壤，呼应时代发展的社会需求，沿着文明发展的方向应运而生，是具有中国特色的发展路径。

（一）政府主导

1992年7月31日，中国正式加入国际《湿地公约》，标志着我国的湿地保护进入了一个崭新的发展时期。在接下来的数十年里，我国湿地保护事业蓬勃发展。2005年11月，中国首次当选《湿地公约》常务委员会理事国。2006年2月，我国湿地保护工程正式启动。湿地宣传教育是湿地保护工作的重要组成部分。

2000年11月发布的《中国湿地保护行动计划》描述了我国湿地保护宣传与教育的现状，此时有关部门已经开展了多种形式的宣传教育活动，大力宣传湿地的功能效益和湿地保护的重要意义，以提高全民湿地保护意识，如利用“世界湿地日”“爱鸟周”和“野生动物保护月”等时机，积极组织开展宣传活动，并编辑出版大量的宣传湿地保护的书籍、画册、影像，达到了良好的宣传教育效果，可以说是湿地自然教育的雏形。

同一时期，教育部门在中小学教材中增加了湿地保护的有关内容，培养青少年的生态环境保护意识，并在高等院校设置了与湿地相关的专业。政府及有关部门多次举办培训班和讲习班，大大提高了专业技术人员和管理人员的湿地知识水平和管理技能，为推动湿地宣传教育做铺垫。

2009年，国家林业局湿地保护管理中心发布《中国湿地保护宣传教育行动计划》，该计划提出“制定针对不同层次、不同地域、不同群体的湿地保护宣传教育计划”“改善和丰富宣传教育内容和手段”“建立专（兼）职的湿地保护宣传教育队伍”“建设和完善湿地宣传教育基础设施”“建立湿地保护宣传教育的资金投入和保障机制”“建立湿地保护宣传教育评价机制”六大目标，为湿地自然教育的发展奠定了良好基础。

2013年，国务院办公厅发布《国民旅游休闲纲要（2013—2020年）》，首次提出“逐步推行中小学生研学旅行”。2016年年底，教育部等11个部门联合发布《关于推进中小学生研学旅行的意见》，明确将研学旅行纳入学校教育计划，这成为研学旅行与自然教育市场发展的重大利好因素。随着研学旅行市场不断发展壮大，在湿地开展的以自然教育为主题的自然研学旅行活动也逐渐丰富。

2017年，国家林业局会同国家发展和改革委员会、财政部等相关部门编制并印发《全国湿地保护“十三五”实施规划》，在“宣传教育培训体系”中强调了“建设湿地宣传教育中心、开展湿地宣传教育培训、制作湿地科普读物和建设湿地保护宣传教育网站”等内容，同时在“开展湿地保护宣传教育”方面提出：湿地保护必须扩大社会参与，要通过广播、电视、报刊、网站和各种宣传活动等，提高社会公众湿地保护意识和资源忧患意识，特别是决策者和湿地周边社区群众的湿地保护意识。

（二）民间参与和多元发展

2014年8月，“第一届全国自然教育论坛”在厦门举办。此后，论坛每年举办一次，成为行业发展的一个重要的信息发布、学习交流、人才培养、国际交流、行业研究、政策推动的民间公益平台。中国自然教育开始进入发展期。民间自然教育的发展与活跃得到了各地政府相关部门的关注、肯定与支持。在此期间，湿地公园作为重要的专类自然教育场所，有大量民间自然教育机构主动围绕湿地场域设计课程并开展自然教育活动。

同期，官方与民间组织的合作亦层出不穷。2012年，苏州湿地站在太湖国家湿地公园成立了第一所“湿地自然学校”。这是苏州第一个面向大众进行科普教育的场所。2015年，苏州市林业局又在湿地自然学校的创建标准等方面进行了完善。目前已建成或在建的11所湿地自然学校，将成为第一批“苏州市湿地宣传教育基地”，基本形成致力于保护湿地环境的苏州湿地自然学校网络。

广州海珠湿地于2013年底开始探索自然教育工作，在2015年2月2日正式成立海珠湿地自然学校，搭建由政府主导、全社会参与的开放式自然教育平台。海珠湿地自然学校也于2017年3月成为第二批国家自然学校能力建设项目试点单位。

2015年，红树林基金会（MCF）托管福田红树林生态公园，共建“政府部门＋专业的管理委员会＋社会组织”的创新管理模式。作为全国首个由社会组织托管的市政公园，福田红树林生态公园以自然场域为基础建立了自然教育中心，研发本土湿地自然教育课程，开展自然科普教育，构建起完整的志愿者管理体系，打造生态公园的自然教育样板。2018—2020年，红树林基金会聚焦湿地，开展环深圳湾湿地教育中心项目，搭建沿海湿地教育中心网络，积极开展湿地教育研讨会及培训，与教育中心示范点展开深度合作，主要运营深圳湾公园、福田红树林保护区和福田红树林生态公园3个自然教育中心。2019年，福田红树林生态公园入选国家生态环境科普基地。

1992—2020年，我国有64处重要湿地被列入《国际重要湿地名录》。在此期间，国内涌现了大量本土机构。它们类型多元、触达面广，成为了保护行动中一支骨干力量。据不完全统计，目前国内参与湿地保护的社会组织超过200家，它们的行动为湿地保护作出了重大贡献。

2019年以来，国家林业和草原局的官方网站上显示，

近海滩涂（丁洪安/摄）

四川、江苏、广东、江西、青海、甘肃等地相继出台政策，不断加强湿地保护宣传教育和科学知识普及工作，鼓励和支持基层群众性自治组织、社会组织、企业事业单位、学校、志愿者开展湿地保护法律法规和湿地保护知识宣传活动以及自然教育研学活动，不断创新宣传方式，拓宽宣传渠道，加大宣传教育力度，提高全民湿地保护意识。

2022年，《教育部关于公布2021年度普通高等学校本科专业备案和审批结果的通知》（教高函〔2021〕14号）显示，西南林业大学湿地学院申报的新专业“湿地保护与恢复”（自然保护与环境生态类，农学，四年，专业代码090206T）被列入《普通高等学校本科专业目录》。该专业的设立，进一步打开了高校湿地自然教育人才培养的大门，将填补我国在这一领域的人才培养空白。2022年6月1日，《湿地保护法》正式施行。第七条“各级人民政府应当加强湿地保护宣传教育和科学知识普及工作……教育主管部门、学校应当在教育教学活动中注重培养学生的湿地保护意识”和第八条“国家鼓励单位和个人依法通过捐赠、资助、志愿服务等方式参与湿地保护活动”，标志着湿地自然教育受到了国家法律的保护。

纵观十余年来湿地自然教育在我国的发展历程，可以看到从政府主导到民间参与和多元融合发展的路程。在不断推动全社会形成“人与自然和谐共生”共识的过程中，自然教育体系越来越完善，自然活动类型越来越多样，公众参与越来越广泛，这些都为建设生态文明和美丽中国作出了积极贡献。表1列举了和中国湿地自然教育相关的政策和法律。

表1　中国湿地自然教育相关政策和法律

时间	政策名称	发布单位	涉及方向
2000年	《中国湿地保护行动计划》	国家林业局	湿地保护
2009年	《中国湿地保护宣传教育行动计划》	国家林业局湿地保护管理中心	湿地保护宣传教育
2012年	《关于建立中小学环境教育社会实践基地的通知》	环境保护部、教育部	环境教育
2013年	《国民旅游休闲纲要（2013—2020年）》	国务院办公厅	中小学生研学旅行
2015年	《关于加快推进生态文明建设的意见》	中共中央、国务院	生态文化宣传教育
2015年	《生态文明体制改革总体方案》	中共中央、国务院	自然观光、科研、教育、旅游
2016年	《全国环境宣传教育工作纲要（2016—2020年）》	环境保护部	环境教育
2016年	《关于推进中小学生研学旅行的意见》	教育部、国家发展和改革委员会、公安部、财政部、交通运输部、文化部、保监会、共青团中央、食品药品监管总局、国家旅游局、中国铁路总公司	研学旅行、自然教育
2017年	《全国湿地保护“十三五”实施规划》	国家林业局、国家发展和改革委员会、财政部	湿地保护宣传教育
2019年	《关于充分发挥各类自然保护地社会功能　大力开展自然教育工作的通知》	国家林业和草原局	自然教育
2021年	《“美丽中国，我是行动者”提升公民生态文明意识行动计划（2021—2025年）》	生态环境部、中共中央宣传部、中央文明办、教育部、共青团中央、全国妇女联合会	生态文明教育
2022年	《中华人民共和国湿地保护法》	中华人民共和国第十三届全国人民代表大会常务委员会	湿地保护宣传教育

三、湿地自然教育中的国际交流

我国积极参与全球环境治理，积极开拓国际合作渠道。对外讲好中国故事，承办对发展中国家的湿地保护援外培训，为20多个国家的150多名湿地管理者传授我国湿地保护修复先进技术和成功模式。中国正在向全世界展现湿地保护方面的“中国智慧”和“中国方案”。

湿地自然教育的国际交流活动，以线上线下结合的方式开展。如常熟市自然资源与规划局联合南京大学常熟生态研究院与韩国庆尚南道昌宁郡开展了三年多的环境教育交流合作，双方签订了交流协议，建立了交流机制，开展了多次线上线下交流，取得丰硕成果。2019年8月，中韩环境教育交流夏令营在常熟成功举行；中韩国际湿地城市环境教育线上交流活动总共在2020年和2021年在大义中心小学、伦华外国语学校如期举行了2场；在沉海圩乡村湿地课堂上开展"我是湿地保育员"亲子研学线下活动。湿地自然教育国际间交流增进了各国人民的相互了解，促进了不同文化相互沟通，拓宽了参与人员国际视野，培养了跨文化素养以及家乡认同感，促进了学生情感、态度、价值观水平的提升。

案例8　中韩国际湿地城市环境教育交流系列活动

安树青　陈佳秋　张灿　何旖雯[①]

【实施地点】沙家浜国家湿地公园，常熟伦华外国语学校，大义中心小学，沉海圩乡村湿地。

【活动主题】中韩国际湿地城市环境教育交流系列活动。

【策划设计思路】

1.活动目的与意义

2018年10月，在《湿地公约》第十三届缔约

① 作者单位：南京大学常熟生态研究院。

方大会上，常熟市成功获得全球首批国际湿地城市认证。受中国《湿地公约》履约办公室推荐，在常熟市自然资源与规划局及南京大学常熟生态研究院的大力引导下，常熟市与同为国际湿地城市的韩国庆尚南道昌宁郡开展了3年多的环境教育交流合作，双方签订了交流协议，建立了交流机制，开展了多次线上线下交流，取得丰硕成果。

2.活动必要性

（1）本系列活动能让中韩双方参与者在交互往来中欣赏双方国家的湿地自然之美，尊重生物生存的权利，运用感官感知环境和身边的动植物，讨论身边自然环境的差异和变化，树立正确的环境意识。

（2）本系列活动能让中韩双方参与者尝试举例说明自然环境为人类提供的资源，初步知道日常生活方式对环境的影响，了解生态破坏和环境污染现象，懂得湿地保护的重要性。

（3）本系列活动能让中韩双方参与者尊重、关爱和善待不同国籍的朋友，乐于和他人分享；愿意倾听他人的观点与意见，乐于与他人共享信息和资源；树立平等、公正的观念，树立可持续发展观念，愿意承担保护环境、保护湿地的责任。

（4）本系列活动能让中韩双方参与者认识自然规律，摆正人与自然的关系，追求人与自然的和谐；理解关于湿地保护的不同观点，通过交流和协商，形成保护湿地生态的共识。

（5）本系列活动能让中韩双方参与者在反思个人行为和人类活动对湿地影响的基础上，从本地着手，关注全球湿地健康，并积极落实在行动上。

【活动对象】中韩小学研学班级，5岁以上亲子家庭。

【组织实施】

1.前期准备

科普课件、实物手工、芦竹、麻绳、双筒望远镜、采样器、水质监测仪器、笔记本电脑、扩音设备、会议室。

2.活动过程

（1）中韩环境教育交流线下夏令营活动。2019年8月，中韩环境教育交流夏令营在常熟成功举行，韩国昌宁郡32名师生参加了此次活动。此次夏令营活动中，韩方师生实地探访了沙家浜国家湿地公园、虞山国家森林公园、文庙、方塔园等自然历史人文景点。在沙家浜国家湿地公园，韩国师生观看了《水做的沙家浜》等宣传片，乘船近距离领略了沙家浜丰富的湿地鸟类资源，亲身体验了“湿地飞羽精灵”“为鸟儿做个家”等湿地科普宣传教育游戏。

通过参观与交流，韩方一行对常熟优美的自然环境景色、深厚的历史文化底蕴以及在湿地保护方面开展的工作和取得的成效有了深刻的印象。

（2）“我是湿地保育员”线下亲子研学活动。在沉海圩乡村湿地课堂上，学习观察湿地里的鸟类和植物，同时对沉海圩的水质进行简单地监测，了解pH、溶解氧等水质指标，让小朋友们对湿地有一个初步的印象。

（3）中韩国际湿地城市环境教育线上交流活动。本系列线上交流活动每年年末举行1期，总共在2020年以及2021年如期举行了2期。

【活动创新性】中国常熟和韩国昌宁郡两个城市因为湿地结缘，因为双方的湿地资源而联系在一起，共同为保护湿地生态环境、湿地环境教育作出努力。

【活动评价】中韩双方共同发布了《中国-韩国学生常熟市环境宣言》，通过举例说明自然环境为人类提供的各种资源，了解生态破坏和环境污染的现象，认同公民保护湿地的义务和责任，以及以积极参与保护环境的行动来贯彻落实宣言。

四、湿地自然教育的公众参与

（一）公众湿地保护意识现状

2005年，中国公众环保指数得分为68.05分。这一数据反映出当年中国公众环保关注度很高，参与性不强。十余年过去，目前针对全国公众的环境保护意识现状的调研资料十分有限，仅能从局部的调研中窥见一二。以西安一国家湿地公园的公众参与调研为例，数据显示该国家湿地公园建设具有广泛的社会基础，得到了全社会的普遍认同，98.15%的被调查者认为愿意参与湿地公园建设，但“湿地宣传受众群体涉及面较小，宣传形式简单，公众对湿地概念的知晓度较低；缺乏系统的宣传，公众了解湿地保护的信息渠道相对单一；湿地宣传教育投入不足，专业人员参与度不高，宣传效果较差；宣传教育内容缺乏针对性，方式方法有待改进”等问题仍旧存在，这和环保宣传教育活动普遍存在的“关注度高，参与度低”的现象基本吻合。

（二）湿地自然教育的公众参与

湿地自然教育的推广并不只是相关从业者的事情，它需要全体公众的参与。任何一种教育，都应该致力于学习者的个体成长。从这个意义上来说，湿地自然教育的公众参与就不仅仅是一种方法，而是一个方向。

公众参与湿地自然教育的方式有很多种，一般来说，首先从关注湿地自然教育开始，逐步到参与湿地自然教育的线上或线下活动，如报名湿地自然导赏、参与湿地自然体验、撰写湿地自然笔记等。当然，个体通过本书第六章“湿地自然体验锦囊”中所摘录的自然体验方法进行个人探索，也是公众初步参与自然教育的重要方式。其次，鼓励市民报名成为当地的湿地自然教育志愿者，参与相关的志愿者培训或参与一些机构的服务和活动（有的是大学期间参与学生社团），为大众提供有效的湿地自然教育服务。这些参与经验往往能够激发参与者的使命感和社会责任感，或启发他们对教育和社会问题进行反思。之后，有部分参与者选择自然教育作为职业或开创新事业，此时，公众的深度参与开始为自然教育事业的长足发展贡献力量。

目前，湿地自然教育在国内还处于晨光初现、乳燕试飞的阶段，需要更多的公众关注和参与，增进个体对身处环境的认同感和归属感，热爱自然、主动保护自然，共同创建自然与城市更加和谐的未来。

案例9　上海南汇东滩湿地鸟类调查公民科学活动

张东升[①]

【调查地点】南汇东滩湿地位于上海的东南角，长江入海口的南支南岸，其大治河以南的部分是中国（上海）自由贸易试验区临港新片区的滨海湿地。南汇东滩湿地是东亚－澳大利西亚水鸟迁徙路线上的重要迁徙停歇地，据我们统计，截至2021年底，该区域记录到鸟种449种，占上海鸟种的87.02%（449/516），全国鸟种的30.07%（449/1493）。南汇东滩湿地也是华东地区著名的观鸟地，在著名的观鸟网站ebird上，其鸟种类数排名

① 作者单位：上海海洋大学水产与生命学院。

中国大陆地区观鸟热点第二位。由于鸟类资源丰富，交通便利，南汇东滩湿地长期以来是上海和周边鸟友的观鸟自留地。同时，由于临港新片区的迅速发展，南汇东滩湿地也面临着城市发展与生态保护如何平衡的问题。

【活动目的】为了提升公众的生态保护意识，同时为了对南汇东滩湿地的鸟类多样性有更加全面的了解，我们在“一个长江·野生动植物保护小额基金”和“阿拉善SEE创绿家项目”的资助下，从2020年9月到2021年8月，对南汇东滩湿地开展了为期1年的鸟类调查公民科学项目。

【组织实施】

1.调查内容和方式

为了对南汇东滩湿地进行全面的本底调查，我们设计了8条调查线路，覆盖了包括滩涂、农田、芦苇地、鱼塘和林地等在内的各种生境。每条调查线路长度为3~6千米，调查时间安排在周末上午。每个调查小组负责一条调查线路，通过“两步路户外助手”手机应用程序（APP）进行全球定位系统（GPS）地理位置定位，记录鸟种及其数量和生境等信息，并把当天记录的信息整理分析后，发给负责统计的研究生，由研究生汇总和分析调查数据。

2.活动过程

（1）志愿者招募、组织和培训：我们面向上海市民，在“生态南汇”微信公众号发布志愿者招募通知，让大家填写报名问卷，了解参加者的观鸟经验和教育背景等信息，从中筛选合适的志愿者。邀请入选的志愿者加入为鸟类调查专门组建的微信群，方便大家沟通和组织鸟类调查活动。我们印制了《南汇东滩常见鸟类》的小册子，方便大家识别鸟类。在鸟类调查进行的过程中，我们专门邀请了多位鸟类调查方面的专家学者和经验丰富的观鸟爱好者，进行实地的教学指导和在线培训，让志愿者系统掌握鸟类识别和调查的基础知识和技能。我们的在线培训课程通过视频会议的形式定期公开进行，而且，我们把鸟类调查培训系列课程通过视频网站“生态南汇”主页分享给了更多对观鸟和自然观察感兴趣的朋友，成为自然观察爱好者不可多得的高质量公益环境讲座内容。

（2）调查过程中的组织与协调：在为期1年的调查过程中，我们每个月中旬利用周末时间安排1次调查，在迁徙季（春季的4～5月和秋季的9～10月），我们每个月的月初和月中安排2次调查。每次调查之前，我们首先确定好每个小组的组长。组长为观鸟经验丰富的鸟友，他负责鸟类的辨识和小组人员的协调。本着自愿结合的原则，各组完成人员招募和工作分配。每个小组一般由2～5人组成，除了经验丰富的鸟友负责鸟类辨识外，还有志愿者负责信息记录和拍照等工作。但是，在水鸟调查路线上，在不影响鸟类调查工作的基础上，我们也会欢迎一些相对缺乏经验的新人（尤其是中小学生）的加入，培养他们的鸟类调查热情和增加他们的鸟类调查经验。我们也会提醒大家作好准备工作，包括饮用水、着装和一些安全方面的注意事项。大部分器材是鸟友自备的，我们也会准备一部分望远镜以备不时之需。

【活动效果】

（1）在共16次的鸟类调查中，有218名志愿者参加调查，一共有586人次，平均每人参加2.69次。81人参加了2次以上的调查活动，我们对这些人群发放了调查问卷，回收有效问卷78份。这些调查问卷表明：在15名参加调查的中小学生中，有11名跟父母一起参加调查；19位本科生和5位研究生长期参加活动；学生之外的调查者中，11位从事教育相关行业，28位从事其他行业。参与问卷调查者对于本次鸟类调查的满意度为9.15分（满分10分），后续参与鸟类调查等活动的意愿为9.28分（满分10分）。对于在读中小学生的调查中，所有调查者都认为鸟类调查对于学习没有消极影响，超过90%的人同意参与鸟类调查会在自然科学实践、思维拓展方面有帮助。很多年轻人在鸟类调查过程中成长起来，将成为未来生态保护方面的骨干。我们的鸟类调查微信群依然非常活跃，鸟类调查工作也一直在持续进行，直到2022年3月，因受到新冠肺炎疫情影响而中断。新冠肺炎疫情结束后，我们会借助志愿者的力量，继续进行长期调查。

（2）调查结果总结：鸟类调查共记录到鸟类18目55科237种，鸟类总数达51770只。按居留类型分，迁徙鸟类共记录205种（86.50%），其中，旅鸟115种（48.52%），冬候鸟72种（30.38%），夏候鸟18种（7.59%），留鸟28种（11.82%），迷鸟4种（1.69%）。从统计到的鸟类数量上看，迁徙鸟类占总数的81.88%。研究表明，南汇东滩湿地的鸟类资源丰富，对于迁徙鸟类的保育非常重要。

（3）媒体传播：我们的调查结果在第二十届中国生态学大会上进行了口头报告和墙报展示，相关调查文章已经被《湿地科学与管理》杂志接收。《新民晚报》《浦东发布》等各种媒体也多次报道我们的鸟类调查工作。调查进展和鸟友的调查日记等也经常在“生态南汇”微信公众号发布。

【活动创新性】通过公民科学的方式进行鸟类调查在国外是一种较为有效的生态数据收集方式，在国内开展的还不多。我们充分利用网络资源，做好前期培训、活动组织和管理，以及项目宣传等工作，完成了国内少见的大规模鸟类调查公民科学活动，对于很多鸟友集中的地区，尤其是一线城市，具有很好的借鉴作用。公民科学鸟类调查活动不仅为湿地保护提供了科学数据，活动本身也在培养年轻的生态保护志愿者和向公众宣传生态文明等方面起了重要的推动作用，值得大力推广。

湿地自然教育导师培训体系建设

现阶段，成为一名湿地自然教育导师，并不需要像中小学教师一样必须获得相应的从业资格认证证书，但湿地自然教育活动的开展，对自然教育导师的要求并不低。2019年，国家林业和草原局发布《关于充分发挥各类保护地社会功能　大力开展自然教育工作的通知》。2022年，中国林学会发布团体标准《湿地类自然教育基地建设导则》《自然教育师规范》。一系列相关规定和通知的陆续发布，展示了我国对于湿地自然教育导师培训的重视。作为一名优秀的湿地自然教育导师，既需要对自然教育事业充满爱心与信心，又需要充分学习湿地自然教育相关的专业知识，还需要累积在湿地场域实践经验和带领经验。

目前，我国暂未出台专门针对湿地自然教育导师而规划的培养体系，但湿地自然教育的需求与日俱增，尤其是在“双碳”“双减”等政策的影响下，自然教育的发展迎来了新契机。湿地自然教育导师需要参加多种多样的行业内培训，掌握湿地相关知识和开展教育活动的相关知识，了解不同类型的自然教育策划和实践。

根据从业者多年以来的探索，我们尝试列举一些已开展的湿地自然教育人才培养方案，并汇总如下。

一、国内现有自然教育培训方案

（一）中国林学会：自然教育师培训

2021年4月，中国林学会开始面向全国各类自然保护地工作人员、自然教育基地建设单位等开设自然教育师培训，期望通过培训，培养自然教育的专业师资人才，奠定自然教育事业的人才基础，改变自然教育行业人才缺乏的现状，培养自然教育行业专业人才队伍。详细介绍如下。

培训目标：通过培训，培养自然教育的专业师资人才，奠定自然教育事业的人才基础。培养的自然教育师应能掌握自然科学和心理学等专业基础知识，对常见的动植物、昆虫、鸟等生物的识别特征和生长特性有一定了解，具备教育心理学和自然教育基本知识，能够根据不同的对象、不同类型自然教育场所，独立策划和实施丰富多彩、各具特色的自然教育活动。

培训对象：从事或有意从事自然教育活动的教育工作者、从业者，特别是相关文旅、自然生态、林业、草原、湿地、沙漠等自然教育营地、基地等场所的开发者和经营者。

培训形式：培训采取“线上自学+线下面授”的形式，二者缺一不可。

培训内容：“线上自学”课程以自然教育基础理论和基础知识为主。线上课程面向全社会，通过中国林学会“自然教育师培训”平台免费开放，任何有志于从事自然教育的个人均可报名进行自学。课程内容包括植物、动物、昆虫、鸟、生物、古生物、生态、心理、自然教育等几个方面（表2），总时长约36课时，每课时约30分钟。

表2　自然教育师培训线上课程设置

课程名称	课时 （每课时约30分钟）
自然教育理论与实务概述	3
自然艺术手工在森林体验与疗养中的作用	3
自然教育可持续发展探索与实践——以八达岭国家森林公园为例	3
植物分类与识别知识	3
中国野外哺乳动物识别与鉴定	3
自然教育活动中的观虫课程	4
自然教育活动中的观鸟课程	4
生物多样性	2
生态学基础知识	4
自然教育中的古生物常识	2
浅析团体心理辅导在自然教育中的应用	5

“线下面授”课程以自然教育实操和技能技法为主。线下课程由经过全国自然教育总校授权，且具备资格的培训机构实施。培训业务、组织、安全责任等均由线下培训机构独立承担民事责任。课程主要包括自然教育实践概论、课程设计与技能技法、专业门类体验技法、风险管理、户外安全、成果展示等几个部分，约3天，总48课时。

考核和证书管理：线上课程分为选修和必修课程，但全部为必考项。学员完成全部课程并通过考试，成绩达到合格，可获得线上培训合格（电子）证书，并取得参加“线下面授”的资格。

线下面授课程结束后，经面授培训机构考核合格，由中国林学会（全国自然教育总校）颁发“自然教育师”资格证书。该资格证书（学籍档案）由中国林学会（全国自然教育总校）统一登记管理。

（二）世界自然基金会（WWF）：湿地管理培训班及环境教育读本

自20世纪90年代后，世界自然基金会中国环境教育项目成立，该项目旨在宣传可持续发展理念。项目成立后，世界自然基金会开始推动教育部发布行业指南，并陆续支持中国21所高校成立环境教育中心。从21世纪初的湿地使者行动开始，世界自然基金会就不断在中国开展自然教育培训课程，分享湿地管理和环境教育的理念、原理、技术和经验等。

一方面是对专业人员的培训，培训的主要对象为中国的湿地保育人员，亦有来自中国台湾及东南亚地区的政府及环保组织人员参与。湿地管理培训班的目标：①以香港米埔自然保护区和米埔内后海湾拉姆萨尔湿地作为案例，示范如何进行湿地管理和推行环境教育；②让学员进一步了解湿地生态系统对人类和野生生物的价值；③提升学员在湿地保护、管理和环境教育方面的技巧和技能；④为学员提供机会，互相交流有关湿地保护、管理和环境教育的经验、技巧和知识；⑤培训人员实地考察学员管理的湿地，为有效管理提供具体的技术建议。

另一方面是对自然教育从业者的培训，培训对象主要是各地自然教育行业的从业人员。自然教育培训的目标：①了解环境教育课程，环境教育的五大目标，环境教育趋势，模块化学习；②指导学员用规划的工具和方法，用环境解说的技巧，制定整个自然保护地环境教育和解说的规划；③指导学员运用地方特色资源，自编或改编环境教育课程。

世界自然基金会从课程设计、自然导览、环境解说，以及行业指南系统地整理、提炼，把成果正式出版，相关成果包括《生机湿地——WWF中国环境教育课程：湿地篇》《我的野生动物朋友》《湖岛漫步——太湖三山岛自然导赏笔记》《星愿记趣——上海星愿公园自然导览》《寻梦清源——梦清园水资源教育手册》等。其中，《生机湿地——WWF中国环境教育课程：湿地篇》，是一本为湿地宣传教育的教育者设计并编写的主题化课程方案，希望能兼顾在学校开展的课堂教育，以及在自然保护地和自然环境中开展的保护宣传教育活动的需求，甚至服务于关注孩子环境素养培养的普通家长。教育者可以遵循本书的方案开展全套系统的教育活动；也可以根据具体教育目标和目标受众的特点等因素，有选择性地挑选相关的内容组合定制灵活的教育方案；更可以遵循该课程方案编写的原则和方法，设计开发具有自身特色的教育课程方案。WWF环境教育实务培训包含了此课程的部分内容。

（三）红树林基金会（MCF）：湿地教育教师培训

2017年起，红树林基金会开始组织湿地教育教师培训，致力于湿地课程的本土化实践。2018年，组建国内环境教育专家、湿地教育中心工作人员和学校一线教师的编写团队，于2020年出版《神奇湿地——环境教育教师手册》，将湿地教育与国内学校1~12年级课程标准相结合，提出一套体系化的环境教育课程。该培训面向各湿地自然保护地工作人员和湿地周边中小学教师，期望通过培训能够增强自然保护地对开展面向学校的湿地教育的理解，加强湿地教育中心宣传教育人员与学校教师的密切联系和沟通。

（四）国际湿地培训中心：湿地恢复与管理国际培训

南京大学常熟生态研究院、英国野禽与湿地基金会咨询公司双方于2017年合作成立“国际湿地培训中心”。两个机构强强联合、优势互补，首次中外联合开始组织湿地恢复与管理国际培训班，培训对象主要是全国各省份湿地管理部门、科研机构、企事业单位等相关从业者。至今已在广州海珠国家湿地公园、江苏溧阳天目湖国家湿地公园、内蒙古额尔古纳国家湿地公园、广西壮族自治区会仙湿地公园开展了4期培训，参与学员近千人。

培训课程分为室内授课、讨论演练与户外实践等环节，以湿地恢复与管理为主题，将专题讲座、案例剖析与

湿地教育教师培训（南京大学常熟生态研究院/供）

全方位的现场教学结合，通过引入国外先进的保护管理理念与方法，围绕湿地恢复与管理主题，针对湿地公园规划、科普宣传教育和自然教育、湿地恢复、生态环境监测、湿地工程建设环评和游客管理、项目验收等问题进行分享、解读与探讨，旨在让大家深入地认识湿地、了解湿地，为培养湿地专业人才，将湿地科研技术成果实用化、湿地保护恢复设计主流化。培训结束后，顺利结业的学员将获得“国际湿地培训中心”颁发的结业证书。

（五）全国自然教育网络：自然教育基础培训

按照全国自然教育网络人才委员会搭建的《自然教育人才培养方案》，将培训体系分为基础培训、中级培训和高级培训3个阶段。基础培训由21小时的集中学习和学员自主完成的职业培训（on the job training，OJT）组成，主要实现从感兴趣的人士向专业人员的转换（专业人员包含志愿者和从业人员）。完成基础培训的从业人员，行业默认其具备独立带领10人左右进行自然体验活动，并能安全、完整地完成一个活动环节的能力，即成为助教导师。中级培训培养的是具备复杂活动设计和带领能力的专业人员，即自然教育导师。而高级培训则侧重活动的综合管理能力，包含整体协调、团队带领，以及更多元和深入的专业能力，即成为资深自然教育导师。

为了培养一个合格的自然教育导师，该培养体系从自然教育导师素质模型出发进行构建，从知识、态度/情感/价值观、技能、意识、行动/参与这5个维度来进行目标的分解。

目前，自然教育基础培训于2018年开发完成，主要面向新生从业者与有志于从事自然教育的伙伴，围绕着“生态中心主义”价值观，基础培训设置了21小时初阶必修课程，其内容涵盖自然教育基础、生态伦理、生态知识、自然观察、自然体验和安全管理共6个方面，希望帮助参与者构架对自然教育的基础认识，了解什么是自然教育，自然教育的价值观、原则以及基本方法，同时，召唤使命感，让更多的人愿意深入学习和实践自然教育与可持续生活方式。

根据全国自然教育网络人才委员会制定的基础培训大纲，培训师会结合现场自然条件以及学员的需求进行适当的安排和调整。不同场次的培训师有不同的教学风格和特色，但无论哪个场次的培训，学员都将通过3天具体的课程，学习到一个完整的体验式学习的课程设计方法和过程，并能够在课程中收获：①体验自然的美好，在自然中获得疗愈力量；②了解自然体验和自然观察常用的基本方法，增加对自然的敏锐度；③理解自然界中不同层次的多样性，理解常见的生物间、生物与非生物之间，以及人与自然之间存在的相互关系；④理解自然教育的目标以及自然教育所应对的社会问题；⑤提高安全与风险管理意识，放下恐惧，理性规避风险，发现环境中的危险因素，并意识到安全管理的重要性；⑥对人与自然的和谐发展抱有希望，有意识地开始践行友善自然的生活方式，并了解继续学习的方法。

二、湿地自然教育培训体系建设要素

综合以上湿地自然教育行业培训资源，可从中归纳湿地自然教育培训体系建设与能力建设上的一些若干要素。

（一）明确培训主要对象

针对不同的目标人群，可以设定程度不一的培训目标。同时，目标人群的年龄、受教育程度等特征也会影响课程的内容、难易程度、活动方式以及组织者希望通过自然教育所传递的信息等。

（二）明确培训类型和目标

一般来说，分为基础培训和专类培训两种。对于面向整个自然教育行业的能力建设，应该以构建行业基础认知、树立正确的价值观、培养使命感为基础，在这个基础上培养专业的自然教育师资人才。而针对湿地的自然教育，通常围绕参与湿地教育的各个相关方来进行，更有聚焦性的专类培训。

湿地自然教育的导师培训不能单一地围绕培养导师和讲解员来进行，也要兼顾开展湿地自然教育活动的其他重要组成部分。如针对湿地公园和自然保护地的管理人员开展培训，可以增强湿地公园和自然保护地对自然教育工作的重视，对湿地教育价值的了解，以及对现有湿地的管理和建设，从而使其为自然教育的开展提供良好的场地资源，保证后续自然教育活动顺利开展。

在开展湿地自然教育的基础牢固之后，可针对准备开展自然教育的导师进行培训。培训则需要更聚焦湿地的基础知识，以及湿地自然教育的活动技巧和技能，并开展相应的实地考察和经验交流。此外，在固定场域中的湿地系列课程设计和方案策划也是湿地自然教育培训的重头戏。在此类专业培训中，活动安全管理都是必不可少的一环。

湿地自然教育课程资源与课程设置

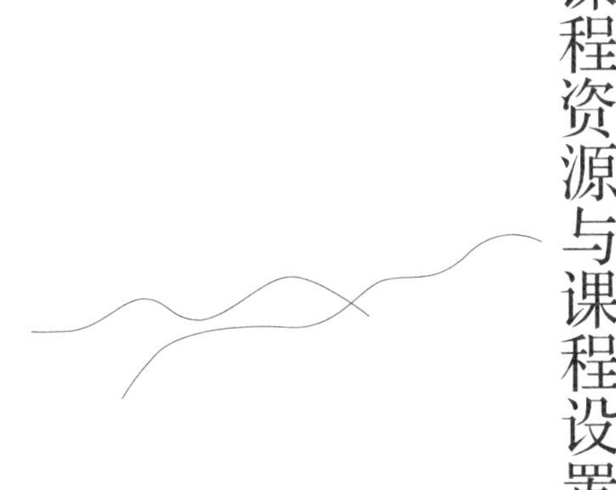

一、湿地课程资源

湿地自然教育课程通常要依托一定的湿地资源来开展。湿地资源不能简单理解成自然资源，这是不全面的，因为湿地自然教育可以利用的资源并不仅仅是湿地环境的自然资源，而是多维多面的，这要求对各种资源进行盘点和系统地梳理。这些梳理都是为了针对湿地的具体情况来设计有针对性的课程。

按功能特点，可以把课程资源划分为素材性资源和条件性资源两大类。所谓素材性资源是指作用于课程，并且能够成为课程的素材或来源，包括知识、技能、经验、活动方式与方法、情感态度和价值观等。所谓条件性资源是指那些并不是学生学习和收获的直接对象，但却是学生学习和有所收获的条件，这部分课程资源在很大程度上决定着课程实施的范围和水平，包括人力、物力、财力、时间、场地、媒介、设备、设施和环境等因素。当然二者并没有截然的界限，比如，国家公园、自然保护地、自然公园、湿地教育中心和湿地博物馆等资源既可归为条件性资源，又是重要的素材性资源。

了解当地湿地教育资源的方式有多种，其中，最不可或缺的就是实地走访，又称踩点。踩点是自然教育活动筹备工作很重要的一环，也是课程设计的前提条件。在资源了解和梳理的过程中，可以制作资源列表（表3）。

表3　资源梳理示例

一级资源	二级资源	三级资源	备注
物种	本底物种清单（鸟类、昆虫、两栖动物、植物、农作物等）	1.当地旗舰物种； 2.有毒或致敏物种； 3.外来入侵物种； 4.乡土物种	提炼出活动中重点介绍的物种，编写物种故事
环境	1.地势、地质地貌； 2.生态系统； 3.自然景观（溪流、草地、大树、星空等）； 4.场地（空旷地点/集合地点/游戏地点/参观场所）； 5.当地环境管理办法	1.交通信息； 2.集合点或解散点； 3.教学实践场所； 4.博物馆或展示区； 5.休息场所； 6.避雨或防晒场所； 7.卫生设施、饮水设施、医疗资源、餐饮资源、住宿资源； 8.合影区域	考察每个场地的人类活动情况，如是否为旅游打卡点，以及日常居民在环境内的活动情况； 寻找特色风景与自然故事，如保护区内长期观测点内的故事等
人文	1.历史； 2.风俗习惯； 3.当地节日； 4.方言文字； 5.特色建筑/歌舞/手工制作	当地人的礼仪、生活发展与变迁状态、具有特定纪念意义的地点、民歌、伴手礼等	找到活动具有记忆点的地方
教材教具	当地的学科课程教材或校本课程教材	所在场所的宣传手册/模型/互动装置	—
师资	1.活动导师； 2.当地的导赏员； 3.相关领域专家学者； 4.家长志愿者	—	—
社群	紧急情况下可以协助的当地导游或保安，以及能够做物资补给的商店等	对湿地自然教育感兴趣的当地社区居民	安全保护备案

二、湿地自然教育课程设计要素

对当地湿地自然教育资源充分盘点和梳理之后，就可以开始着手于课程设计了。湿地自然教育属于专类场地的自然教育，在课程设计方法上可以参考德国的森林体验教育，围绕4个核心要素来设计课程：湿地宣传教育中心、湿地探索路径、工作人员培训、课程设计与教材开发。

（一）湿地宣传教育中心

和许多规范的自然保护地一样，一般的湿地公园都有配套的宣传教育中心，即一个绝佳的室内科普展览宣传教育场地，适合与户外活动的开展相结合。因此，课堂的室内部分也特别重要。

（二）湿地探索路径

因为湿地场域的大小差异，选择一条适宜步行且科普教育点丰富的湿地自然教育路径就显得十分重要。一天的活动建议最多在5个活动场地进行，尽量安排在3~4个。需要细致地检查场地间的连贯性与安全性，充分考虑步行时长以及日晒、雨淋、蚊虫等环境因子。

（三）工作人员培训

对于长时间稳定开展的、固定场域的湿地自然教育活动，有意识地培养一批长期在地的、专业的工作人员也就颇为重要。可参考本章第四节相关的湿地自然教育导师培训体系建设，让核心工作人员较为全面地了解湿地自然教育的理念、目的和意义，掌握基本的自然教育活动带领方法，能够针对不同年龄段的参与者确定湿地自然教育的主题，制定相关活动方案。

（四）课程设计与教材开发

一般来说，初期的湿地自然教育从单个或多个课程和活动设计开始，逐步累积形成有当地特色的湿地自然教育教材。表4展示了同里湿地针对不同目标人群所设计的课程模块。

表4　同里国家湿地公园课程设置

次主题	模块名称	适宜季节	活动时长（分钟）	主要目标人群	拓展目标人群[①]					
					1	2	3	4	5	6
看见湿地	探访江南的原住民	春、秋	60 ~ 75	初中生			●	●	●	
	奇妙四季	春、夏、秋、冬	60 ~ 90	小学生						●
	鹭鸟家族	春、夏	90 ~ 120	小学生		●				●
	今天也要开心“鸭”	秋、冬	90 ~ 120	小学生		●				●
	七嘴八脚	春、夏、秋、冬	120 ~ 150	初中生	●		●	●	●	
	羽毛的秘密	春、夏、秋	60 ~ 90	小学生		●				●
重识同里	湿地重生	春、夏、秋、冬	90 ~ 120	高中生				●	●	
	四季物候	春、夏、秋、冬	90 ~ 120	亲子家庭	●	●				
	肖甸湖上的渔与耕	春、夏、秋、冬	90 ~ 120	初中生	●		●			
守护自然	水上旅馆	秋、冬	60 ~ 90	高中生				●	●	
	迷你宝藏：绶草	春夏之交（5 ~ 6月）	60 ~ 90	初中生	●					●
	湿地之“路”	春、夏、秋、冬	60 ~ 90	高中生		●		●		

①人群划分：1. 小学生；2. 初中生；3. 高中生；4. 大学生；5. 成年人；6. 亲子家庭。

对于一场特定活动的设计和执行，常规情况下可以从目标人群与活动人数、活动时间、活动形式、活动主题与路线等多个方面进行考虑。

1.明确课程目标

好的湿地自然教育课程一定是围绕着目标来进行的。自然教育的核心是教育，是重建人与自然的联结、重建人与自然和谐关系的教育。而在设置湿地自然教育课程目标时，可从以下几个维度来设置。

（1）觉知（意识）目标：指对湿地环境的觉知，比如，是否觉察到环境的状态或变化。

（2）知识目标：指关于湿地环境的知识，比如，了解湿地环境状态或变化的前因后果。

（3）态度（价值观）目标：指对待湿地环境的态度，比如，觉得应该支持或反对这些环境状态或变化的发生。在自然教育中，态度的目标是“尊重”。

（4）技能目标：指根据某种环境态度实施环境行为的技能，比如，觉得应该阻止某些环境变化之后，需要用到相关的一些技能（如批判性思考的能力、与他人合作的能力、解决问题的能力等）。

（5）行动目标：利用相关技能采取实际的环境行为；回归个人与生活，倡导友善地球的生活方式。

2.了解目标人群，设置活动人数

目标人群，也就是参与者，其实和活动的目标是密不可分的。针对不同的目标人群，设定程度不同的目标。其中，参与者的身份与角色、年龄、受教育背景、户外经验和兴趣点是我们需要仔细了解的。在开发自然教育课程时，我们可能已经知道授课对象的具体情况并为之定制课程，也有可能是预先为某一类理想中的受众设计课程，再进行招募。因此，在具体的授课过程中，我们需要根据受众随时调整目标和方式。

3. 规划活动时间

在湿地环境中开展的自然教育活动通常为半天或者一天，也有定期开展的不同主题和内容的湿地自然教育活动，需充分考虑人流对活动效果、场地、安全等的影响，并提前做好应急准备。

4. 围绕活动主题铺排内容，设计活动形式与活动路线

活动主题要鲜明、具有吸引力。每个湿地都有自己的特点。在设计自然教育活动时，要充分考虑该湿地环境的特点，选取明确的、契合受众的活动主题。在设计活动时，需要把活动主题和特色内容紧密结合起来，让参与者不仅可以学习到知识，还可以更深刻地体验和理解活动的核心意义。

湿地自然教育活动实施与研学旅行

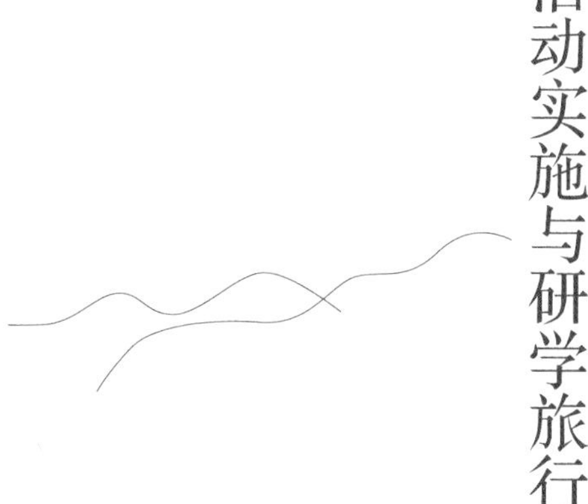

一、湿地自然教育的活动实施要点

按活动推进的不同时间阶段，湿地自然教育活动实施可以从执行前、执行中、执行后3个阶段来明确执行要点。

（一）执行前——活动前期准备

1.教具准备

若能够配置一定的教具，湿地自然教育课程将更加生动，更吸引参与者的兴趣。例如，让儿童观察花朵或者昆虫时，为每个人准备一个放大镜会极大地提升他们的兴趣和体验感。在观察植物时，如果不是该植物开花和结果的季节，则可以事先准备一些相应的图片或模型。在准备教具时，最好事先列出教具清单和使用目的，以免产生遗漏或造成浪费。

2.发布招募与报名确认

如果是对外招募的活动，一般情况需提前一周以上发布活动招募信息，留出足够的招募时间。参加者报名成功后，活动执行方需及时通知报名人员，并再次和参与者核对时间、地点等内容，充分了解参与者的情况。

3.行前通知

对于单日单次的活动，活动前1～3天需给参与者发送行前通知；如果是时间跨度更长的研学或培训活动，或涉及长途交通，行前指引需更早发布，必要时可以以会议的形式举行。行前通知既是为了提醒参与者在活动中的注意事项，也是为了在活动前增强参与者对活动的认知，同时还是为了提前解答参与者当前的疑问。

4.安全管理

活动前的安全管理是活动实施必不可少的一环。除了为参与者购买相应的保险之外，活动前的再踩点也是规避风险最有效的方式。如果在踩点的时候发现那里的环境发生变化或不适合开展自然教育活动，那么就会重新选择其他的活动方式，或者选择其他适合活动的场地（最好准备好多个备选场地）。

在活动执行前，课程设计者与课程主讲需要对环境进行全方面的踩点，并且把踩点获取的信息通过视频、照片或手绘活动地图等形式分享给其他工作人员。在最临近的一次踩点（通常是活动开始前一天，或者开始前半天），所有的活动工作人员都需要按照规划的路线进行踩点，熟悉活动现场（主要活动的集合、解散以及所涉及场所的点，根据当天的日程走一遍，负责安全的助教还需要了解风险因子、医院、饮用水点等重要信息）。

此外，活动引导员需提前接受培训，学习有关野外危险生物和环境的知识，具有辨识有毒植物（如有毒蘑菇）、有毒昆虫等危险生物的能力，并具备一定的急救常识和经验。

如果参与者是未成年人，其监护人在活动前需要签署内附活动详细情况以及可能存在的风险的《知情同意书》，并填写紧急联系人的联系方式，使教育者和监护人之间保持良好的沟通。

（二）执行中——活动实施策略

1.活动设计

在运用所设计的课程开展正式教学之前，需要有一个仪式感较强的开营仪式，让参与者逐渐融入团体中，增加彼此之间的认识。可以让每位参与者取一个和自然相关的名字，作为自己在营期内的称谓。这个小技巧不仅能促进彼此之间的了解，也可以增进彼此之间的信任与友好。活动结束的时候，总结、分享很重要，让每位参与者都有机会表达自己参加活动后的收获与感想。在这个过程中，教育者要能够引导参与者对整个课程进行回顾，重点是对核心知识和后续实践的强调，鼓励将学习内容转化成行动。

2.活动原则

在开展湿地自然教育活动的过程中，可参照《自然教育通识》中列举的应遵守的原则。

（1）开展活动时，尽量保持团队低音量状态活动，尽量选择可承载的路面行走，以减少对原生自然的干扰。

（2）在进行自然观察时，尊重和爱护其他生命，将对其他生物的干扰降到最低。比如，尽量不采摘植物，不破坏自然植被，不伤害其他生物，有意识减少抓捕、采集，杜绝带走自然物的行为。如果因教学需要进行采集或抓捕作为示范和学习，在活动时需要再次强调并明确告知参与者此次采集目的，并在示范学习结束之后，就地放回；如果涉及自然保护区等地方，须事先向相关管理部门报备，得到许可方可进行，不能知法犯法，违反自然保护区的管理条例。

（3）尽可能借助望远镜等工具进行自然观察，但如果确实有需要近距离观察生物，甚至触碰观察对象，首先要确保安全，一个是物种本身的安全性，另一个是人与野生动物的安全距离。在不伤害观察对象及不被观察对象伤害的前提下进行观察，并在观察后将其放归原生境；不投喂野生动物。

（4）尊重生物所在的自然环境，保持动物栖息地原貌。比如，移动石头、朽木后记得放回原地。

（5）在进行夜间观察时，要正确使用手电筒。比如，控制团队整体的手电筒使用数量和亮度，不长时间直射生物，不能把手电筒对着人直射。

（6）对活动中产生的垃圾、个人排遗物和排泄物进行适当的处理，选择对环境影响较小的清洁用品等。塑料垃圾带走，避免给当地增加环境负担。

（三）执行后——活动评价与宣传

1. 传播

充分收集活动准备期间和活动中的照片、视频、学员心得、文稿作品等，用于活动后续传播，以便扩大湿地自然教育活动的影响力；许多参与者或家长在参加活动后会将活动内容、感想等通过微信分享给其他人。于是，本场活动便可以在经由个体连接而成的社交圈子中得到广泛传播，进而迅速地建立起一定的受众市场。

2. 成效评估

课程是否达到了预期的效果和目标，往往需要通过评估来衡量教学成效。需要评估的方面有：原定教学目标的完成情况，课程目标与内容的一致程度；以及评估课程主题是否明确，是否有正确的内容来支撑，是否与目标一致。常见的评估方法有：直接询问参与者，评价参与者的创作成果，比较参与者在课程前后对于知识性问题的回答，观察参与者在活动期间的行为变化等。如果有些课程目标成果无法直接在课程期间或课程结束后马上显现，就需要更加系统的方法。如在活动结束一段时间之后，对参与者进行问卷调查或访谈，然后依据调研数据进行分析。

3. 总结复盘

除了针对参与者的评估之外，在活动结束之后，湿地自然教育导师也需要主动对整个流程进行回顾和点评。这里需要强调的是，“复盘”不是只讨论需要改进的地方，也要及时总结和肯定做得好的方面，强化优点也是确保活动取得成功的一个重要方面。评估和复盘的目的都是为了改进和完善课程和活动，服务自然教育目标。因此，评估和复盘之后，需要根据评估结果对相应的自然教育课程进行调整和优化。

二、湿地研学旅行的开发要点

自从2013年国务院办公厅发布《国民旅游休闲纲要（2013—2020年）》，首次提出“逐步推行中小学生研学旅行”以来，研学旅行市场不断发展壮大，而以自然教育为主题的自然研学旅行即是其中重要的组成部分。在湿地中开展自然教育是研学旅行实践育人的有效途径，也是生态文明教育的重要方式，还是湿地自然教育和学校教育内容的有机结合。

（一）研学目标的制定

不同于一般的自然教育活动，研学旅行只是针对中小学生开展，且一般以班级、年级为单位，活动人数多于一般的校外自然教育活动。同时，研学旅行活动中，“学”的目的性更强，趣味性与实践性是为了学习而服务的，因此也更倾向于在基础设施完善的研学基地组织活动，以在活动体验中更加精准地提升中小学生的自理能力、创新精神和实践能力等。湿地自然教育因其载体的灵活性，可以融合在中小学的研学活动中，在活动中充分调动学生在自然中体验、感受与思考，服务于中小学综合实践活动课程所制定的研学目标。

（二）活动客户群的选取

在配套设施相对完善的湿地公园或自然保护地组织湿地自然教育的研学活动，一方面可以吸引周边社区居民的参与，更重要的是还可以通过研学旅行或生态旅行的形式，吸引全国各地乃至世界各地的访客。

（三）支持和服务的协调系统搭建

组织湿地研学旅行活动，可以参照前文所述的课程设计与实施的一般方法来推进，需着重强调的是研学旅行活动的全过程中要和校方保持充分的沟通，做好相应的安全管理和防疫防护工作。

（四）多元化的人才培养

对于准备打造青少年研学服务基地的湿地公园、自然保护区来说，多元化的人才培养是提供湿地自然教育优质服务的关键。相关调查表明，国内自然教育从业者鲜少通过院校系统课程获得专业能力，行业人才缺乏、从业者素质参差不齐问题普遍。因此，一是应充分引进高校湿地自然教育相关专业人才，如邀请农林、师范类院校的专家，编制一批优质教材、精品在线课程，科学构建多类型课程体系，推进产学研基地建设；二是立足基地，建立湿地自然教育工作骨干、志愿者队伍。可依托所在地的自然教育官方或民间平台，定期开展湿地自然教育相关系统培训，培养一批湿地自然教育工作骨干以及专业认证的湿地自然

额济纳湿地（吴祥鸿/摄）

教育志愿者，使其正确认识湿地自然教育的价值。

（五）研学方案编写的原则

完成总体研学方案时，设计者可根据课程编写的核心理论方法中的十项原则进行校验，确认此套研学方案是否基本满足。

清晰、准确且贯穿始终的湿地自然教育目标；

基于科学、专业严谨的背景知识体系；

能激发兴趣、促进有效学习的教育方法；

兼顾结构逻辑和内容丰富度的系统框架；

针对受众多样性，可供选择定制的内容；

能适用不同时间和教学场所的灵活方案；

提供开展教学活动所需的课件及工具；

立足本土，着眼于当地问题的认知和解决；

放眼全球，致力培育社会共识和行动力量；

支持和服务课程应用推广的行政协调系统。

（聂平/摄）

在流动的河流中
感受湿地的气息

人与自然——湿地自然教育

一、河流湿地概述

（一）河流湿地定义

河流湿地是以河流为主体构成的湿地类型，一般将河流湿地定义为河流等流水沿岸、浅滩、缓流河湾等沼泽化形成的湿地，包括河流、小溪体、河漫滩等。

（二）河流湿地分类

根据是否常年有水可将河流分为永久性河流和季节性河流。永久性河流是指相对间歇性、季节性和偶然性而言的河流，永久性指湿地地表常年积水或者水常年流出的一种状态。永久性河流常年有河水径流，仅包括河床部分。季节性河流是相对于永久性而言的，季节性是指属于或依赖于某一特定季节的湿地地表积水或有水流出的状态。季节性河流一年中只随季节（雨季）有水径流。间歇性河流是相对于永久性而言的，间歇性是指湿地地表间歇的交替

雅鲁藏布江中游湿地（马茂华/摄）

新疆巴音布鲁克湿地（韩皓东/摄）

积水或者交替有水流出的状态。间歇性河流一年中间歇性有水径流。

（三）河流湿地现状

我国河流湿地面积占全国湿地总面积的19.75%，与欧洲和美国相近，但河流湿地数量，尤其是大江大河的数量，远高于欧洲和美国。全国流域面积在100平方千米以上的河流有5万余条，1000平方千米以上的河流有1580余条，大于1万平方千米的河流有79条。长江、黄河、松花江、珠江、辽河、淮河、海河为我国七大河流，其中，长江和黄河分别为世界第三和第五大河。流经和发源于我国的湄公河、黑龙江，也都在世界最长的十大河流之列。除了众多天然的河流外，我国还有许多人工开凿的河流，如京杭大运河、红旗渠、灵渠等。

二、河流湿地自然教育资源分析

参考《旅游资源分类、调查与评价》(GB/T 18972-2017)，把河流湿地的自然教育资源分成了自然资源与文化资源两大部分，并根据自然教育的特点，设计不同类型的课程，开展丰富多样的活动。

(一)河流湿地自然资源

由于地形的原因，我国大部分河流形成自西向东流的特点。从高海拔地区一路往下，不同地方的人发掘各自的河流特色资源，并以此设计自然教育活动。

巴塘河位于青藏高原，河中栖居着大量原生鱼类。正因大量鱼类的聚集，水獭这一依赖鱼类的猎食者在此得以繁衍生息。山水自然保护中心的工作人员带着玉树的居民对水獭进行定期监测，获得了许多珍贵的研究信息。

四川王朗国家级自然保护区位于涪江上游，它不仅是大熊猫的重要栖息地，还是许多两栖动物的生活乐园。保护区便以此为主题，开展了以科学探究为目的的自然教育活动。甘肃张掖和徽县的中学带着学生以地理考察的形式，探索身边河流与地形地貌以及与居民生活的关系。

位于扬州古运河的中国大运河博物馆利用微小湿地进行湿地主题的营期。

世界自然基金会开发了一系列湿地相关课程，普遍适用于长江三角洲、珠江三角洲等多地的湿地环境。

(二)河流湿地文化资源

人类社会的文明起源于河流，大河文明与人类文明息息相关，是人类文明的源泉和发祥地。河流先于人类存在于地球上，而后河流与人类的交互作用造就了人类的河流文化。通过发掘现有的河流文化资源，体验人类与河流的命运共通。

黄河是我们的母亲河，河湟文化作为黄河文化的重要组成，保留了许多文化传统。二十四节气又是传统农耕文化的重中之重。于是，“二十四节气”就成了青海西宁湟水国家湿地公园的特色活动主题。在甘肃玛曲、青海曲麻莱，体验少数民族是如何与河流相处的，体验他们的生活是如何与河流息息相关的。甘肃徽县和张掖的中学老师不约而同通过地理旅行的方式带领学生了解、亲近身边的河流，在考察过程中理解河流在现在生活中起到了何等重要的作用。

接下来，我们选取了国内优秀的河流湿地教育案例，供大家参考。

三、河流湿地相关案例分享

案例10　玉树水獭监测

山水自然保护中心

【实施地点】青海玉树巴塘河国家湿地公园位于青海省玉树藏族自治州东南部，以结古镇为中心，以巴塘河、扎曲河及其支流为主线，西起菌日亚己，东至巴塘河与通天河交汇处，与三江源国家级自然保护区通天河保护分区相依，北邻陇松达，与隆宝国家级自然保护区相偎，南达巴塘草场，与三江源国家级自然保护区东仲——巴塘保护分区相接。

【策划设计思路】曾经，水獭在我国的分布十分广泛，然而受水体污染、水生环境变化和栖息地丧失的影响，以及近年来对水獭的大肆捕杀，20世纪末，水獭在很多地方已经绝迹。

玉树是青藏高原上的大城市，其周边保留了一定的水獭种群。这些年，随着政府及民间保护工作的深入开展，水獭逐渐回归城市——回到它们原本生活过却已城镇化的地方。我们亟需了解水獭的城市生活，以便更好地指导保护行动，而这些科学研究的基础在于做好城市水獭的监测。在玉树开展以社区公众为主体的城市水獭监测可以更好地收集水獭的行为学信息，提高城市居民对于水獭和湿地生态系统的关注，促进健康河流湿地环境的维持和水獭的保护。

【组织实施】

1.活动设计

根据过去的抽样调查，我们发现只有不到一半的居民知道玉树市区有水獭的出现，市民对水獭的认识略显匮乏。引导公众对市区出现的水獭进行观察和记录，既能为城市的水獭监测提供重要的科学信息，又能增进公众对水獭及其所处的湿地生态系统的了解。

知识点：水獭的物种知识、水獭生活痕迹的识别。

意识和理念：水獭保护、关注河流生态系统、公众可以参与科学研究。

技能和能力：物种观察和记录、红外相机维护。

情感、态度和价值观：建立城市居民和水獭的联结，以科学的态度进行水獭和湿地生态系统的保护，倡导人与水獭、与自然的和谐共生。

公民参与的科学项目分为三部分（详见“2.活动执行”）。

2.活动执行

（1）参与者培训：玉树水獭的“衣食住行”“喜怒哀乐”。

时长：150分钟。

场地：依参与人数而定，需具备投影条件。

形式：基于物种影像展示的室内分享。

工作人员向参与者介绍水獭的种类、在国内外的分布情况及其变化，重点介绍玉树水獭的“衣食住行”及其变化和受到的威胁。最后讲解水獭调查的方法。

（2）户外实践：水獭痕迹调查和红外相机维护

时长：半天。

场地：巴塘河国家湿地公园（玉树市区河段）

形式：样线调查、定点维护。

人数：每期活动10人以内。

户外实践是前述参与者培训的延伸，在这个过程中，参与者学习野外调查方法并实地考察。调查结束，鼓励参与者分享此次活动的收获和感悟，并倡导保护高原脆弱的河流湿地。

（3）定点观察：玉树水獭情报。

时长：3个月。

场地：巴塘河国家湿地公园（玉树市区河段）。

经过室内培训和户外实践，我们聚集了诸多关心水獭、关爱湿地的公众来一起提供关于玉树水獭的时空分布情报。水獭情报可以在“我们玉树的水獭”微信群发布，或通过制作水獭情报电子表单提交。

【活动结果】在活动开展的3个月时间里，共有48位本地居民参与城市水獭监测项目，提供了19条重要的水獭情报，有效地补充了红外相机监测的空缺。此外，参与者们还发现了水獭许多有意思的行为，如滤食、养育、鸣叫等，以及1个位于市区的水獭巢穴。活动结束后，我们依然维持

水獭监测红外相机维护

观察和记录市区的水獭

着73人的水獭观察群。2022年，玉树水獭监测的成果被《新华社》《光明日报》等多家主流媒体报道。

【活动评价】本活动实现了不同年龄段市民的广泛参与，但也正是因为参与者的年龄、文化程度、认知水平的差异，没有办法对其进行针对性地宣传教育和开展更系统化地观察记录。随着水獭更多地活跃在公众视野，关心水獭、关爱湿地的群体日渐增多，将对活动对象进行更细致的区分，并在“偶遇性”的水獭情报收集之外，进行固定区域、时间和频率的城市水獭监测。本项目很好地调动了社会力量参与生物学的研究，让参与行动的个体，乃至整个社会对我们身边的生物多样性都能有更切身的体会。

案例11　王朗两栖爬行类寻踪

四川王朗国家级自然保护区

【实施地点】四川王朗国家级自然保护区建于1965年，是我国最早建立的以保护大熊猫等珍稀野生动植物及其栖息地为主的自然保护区之一，地处四川盆地向青藏高原过渡的盆周山区和岷山山系的腹心地带，是岷山大熊猫种群的关键连接廊道。

【策划设计思路】两栖爬行类动物是环境监测的最佳指示性物种。当环境发生变化时，两栖动物不像昆虫那样反应过分敏感，也不像大型脊椎动物那样有较长的时滞，它们是一类稳定、灵敏、高效的环境指示动物。通过两栖动物的种群动态和各种行为，可以评估栖息地保护的成效及正在酝酿中的警讯。

带领公众参与到两栖爬行类动物的调查监测中，可以增进公众对它们的生活习性、活动节律等知识以及保护区生物多样性保护工作的了解，提高公众对保护工作的认同和支持，提升公民科学素质水平。

【组织实施】

1.活动设计

知识点：两栖爬行类动物及其科学研究方法。

意识和理念：强化公众生物多样性保护意识，增进公众科学参与，提高参与者对两栖类动物的关爱之情。

技能和能力：科学监测样方设计、监测数据记录与团队协作能力。

情感、态度和价值观：培养公众对高山湿地生物的兴趣和关爱，建立科学严谨的学习和研究态度，树立人与自然和谐共存的价值观。

2.活动执行

本次活动将通过“一字围栏陷阱”样方法，带领学员记录两栖爬行类动物种类、性别、体长、体重、数量等内容；利用无线电定位追踪技术调查两栖爬行类动物扩散迁徙。活动主要分为以下两部分。

（1）由专家开展两栖爬行类动物监测讲座培训。学习、了解保护区两栖爬行类动物种类、分布、辨别方法，“一字围栏陷阱”样方法，无线电定位追踪器工作原理、设置技术要点等信息。

（2）实地开展两栖爬行类动物监测。由保护区工作人员或科研人员带队，强调保护区活动及野外安全注意事项后，分组前往各自样方，开展监测工作。首先设置样方，其次定期监测，再在第二天白天和晚上利用无线电定位追踪技术，记录GPS点位等数据，最终监测数据。

【活动结果】该活动是保护区实施两栖爬行类动物监测成果转化的公众自

然教育体验项目。自2019年实施以来，已有300余人参与其中，有超过30位中小学生以两栖爬行类动物监测作了科考夏令营结题报告。

【活动评价】该活动打破了以往公众对“保护区只保护大熊猫”的固有观念，增进了公众对保护区生物多样性保护工作系统性、完整性的认知和了解。将保护区科学研究与自然教育相结合，让公众接触生物保护学研究方法，参与保护区科研活动，使公众既是自然教育的参与者又是科研成果的创造者，有利于培养公众的科学思辨能力，也为保护区积累了连续的监测数据。

案例12　张掖乡土考察湿地自然教育活动

张辉　吴小霞[1]

【实施地点】甘肃张掖国家湿地公园，处于黑河中游祁连山洪积扇前缘和黑河古河道及泛滥平原的潜水溢出地带，位于甘肃省张掖市北，是以黑河流域潜水地带草甸、内陆盐沼湿地植被和多样的湿地生态系统为主要保护对象的荒漠绿洲生态系统类型湿地公园。

【策划设计思路】该活动着眼于学生生活、走进身边的环境，系统地介绍了张掖的自然环境，使

① 作者单位：张掖市实验中学。

学生走出书本上枯燥的理论表述，探索和研究身边的地理事物，培养他们热爱自然、保护我们赖以生存的环境的意识。以学生的兴趣为前提，引导学生积极主动地参与教学过程，结合身边的历史、地理文化等知识了解家乡的自然和人文知识，全面提高学生的地理素养，丰富学生的课外知识，拓宽学生的视野，并学会以综合的视角去观察事物、思考问题、解决问题。

【组织实施】

1.活动执行

具体活动执行见表1。

表1　张掖乡土考察活动

序号	活动主题	活动目的	活动内容
1	参观气象局	学习气象气候学相关知识，了解张掖气温、降水、气候特征	获取张掖气象气候学相关资料；完成张掖年气温、年降水量、气候特征等相关资料的收集整理
2	考察张掖湿地	培养学生关注身边的地理环境，牢固树立环境保护的意识	收集整理张掖湿地资源图片、视频及相关文字资料，做好调查笔记
3	调研工业园区	了解园区的主要工业类型、“三废”排放情况及工业“三废”对张掖湿地资源的影响	参观张掖东北郊工业园区，收集园区工业废气、废水、废渣排放的数据资料和图片资料；思考工业园区工业布局是否合理，感受工业生产活动对区域地理环境的影响
4	整合湿地相关资料	感受自己生活在这片“湿地之城”“宜居宜游”的土地上的自豪	收集湿地资料（例如，世界十大湿地、我国主要的湿地景观、湿地的生态效应、张掖湿地污染状况、湿地保护的举措等）
5	查询图文资料	了解张掖自然地理基本概况，整合乡土地理资源	查阅地理文献、张掖档案文献，搜索相关文献并记录、汇总
6	野外考察（此环节必须有家长陪同，提供交通及后勤保障）	了解张掖祁连山生态保护和黑河流域水能资源开发保护情况	实地考察祁连山生态保护、考察水电站、走访附近村民；做好户外活动的安全准备工作，网上查询相关资料
7	开展校本讲座	让学生对张掖丰富的乡土地理有更深入的了解，并且让其逐渐体系化	把整理的文献资料与校本课程相互渗入；在学校里听取《张掖乡土地理——湿地篇》讲座

2. 活动展示

每堂课都以活动日志的方式记录（表2），以张掖祁连山黑河流域（鹰落峡）考察为例。

表2 活动日志

活动时间	8月20日	活动地点	鹰落峡
参加人员	XXXX		
活动内容： 1. 对祁连山进行实地勘察。沿途经过几座水电站，通过家长协调进入，师生能近距离观察并收集相关文字和图片资料。 2. 探讨祁连山生态环境问题。 3. 探讨河流的开发与综合治理			
主要收获：学生近距离观察黑河上的小水电，理解河流的开发与治理，感知张掖水资源的综合利用			
存在不足：祁连山核心区不让进入，不准采集照片，没有留下图片资料；没有实现祁连山自然景观野外考察的目的			

【活动结果】通过师生的共同努力，以张掖湿地资源为切入点，有效搜集、整合、整理了大量的文字、数据、图片等资料，去粗取精，最终形成了《张掖乡土地理基础知识——湿地篇》校本教材，虽然在内容上略显单薄，文字处理稍显粗糙，但活动小组全体师生在近一年的教学过程中收获满满。

【活动评价】本次实践探究活动更多地强调学生对所学知识、技能的实践应用，强调学生通过亲身体验加深认识，从而使学生在思想意识、情感意志、精神境界等方面得到升华，极大地提升了学生学习地理的积极性。

学生之间的合作学习过程有效改善了同学之间的关系，让他们体会到团队的优势，探究活动结束后同学们结下了深厚的友谊。理论知识和实践有机结合，有效地提升了探究活动的学习效率。

案例13　徽县银杏河湿地自然教育活动

李亚倩　张海[①]

【实施地点】徽县银杏河湿地境内河流多属于长江流域嘉陵江水系，主要有嘉陵江（干流）、红崖河、两当河、永宁河、洛河、罗家河、长丰河。区域地处亚热带湿润气候区，植被覆盖率高。该地是长江中上游地区生态环境重要的湿地资源保护区域。

【策划设计思路】本次考察活动的目标为：将见到的独特地形、地貌和水文等地理现象与教科书中的内容相联系，准确说出该地理事物的专业名称，解释相应地理现象的成因。通过实地观测、调查访问和采集样品等方法，获取访谈交流和野外生存的技能，能够运用现代信息技术手段收集地理信息，最终提升学生野外考察与合作探究的能力。此外，希望通过此次野外考察活动，增进师生之间、同学之间的情感，培养学生的地理审美情趣和科学探索精神，提高节约用水、保护环境的生态意识，树立正确的可持续发展观念。

【组织实施】

1.活动设计

结合目标，考察徽县一中附近的河谷。确定考察区域和大致路线后，结合相关教材知识，特设计以下问题进行学情分析，以便设计详细教学活动。

（1）在你准备及搜集资料的过程中，你对考察区域感兴趣的内容有哪些?

（2）什么是褶皱？它包括了哪两种基本的形态?

（3）尝试描述徽县的自然地理环境特征，如地形地貌、气候水文。

---

① 李亚倩单位：延安市新区江苏中学。
张海单位：南京信息工程大学。

（4）对于开展此次考察活动，你还有什么想法或建议。

结合学情分析结果、当地实际情况以及地理课程标准上的具体内容要求，设计教学活动（表1）。

表1　教学活动设计

考察点名称	相关教材知识	学习主题
泰湖公园	—	岩层的产状
周家庄大桥	山地的形成	褶皱、山脊地貌的形态
石峡村	聚落形态和规模	聚落，城郊农业类型及产业发展变化
银杏河（石峡河坝）	水系与水文，环境保护	水系特征，水污染，环境问题； 人类活动对地理环境的影响
污水处理厂	环境保护与环境污染	污水处理厂的选址及作用
快捷通道	区际联系与区域发展	选线特点及现代交通区位因素的变化
田河村	区际联系与区域发展	田河村聚落区位因素及产业特点和变化

2. 活动执行

由于考察地点资源丰富，最终的活动由自然地理考察小组和人文地理考察小组分头展开。在对考察地点进行具体分析的基础上，确立了学习任务和具体的实施步骤，下以自然地理考察小组为例分享（表2）。

表2　自然地理考察小组学习任务

考察点	活动内容
泰湖公园	测量岩层产状与岩层倾角（30分钟）
周家庄大桥	观察沿线地区的褶皱和山脊形态（10分钟）
银杏河	水文调查，包括河流水系特征、饮用水源、水质水量变化等（20分钟）
	水质检测实验（20分钟）
田河村	植物种类及其用途调查（30分钟）

学习任务以任务单的形式呈现，每人一份，供同学们考察过程中进行记录。返校后，每个小组将记录内容进行整理，提交一份完整的考察活动记录单。最后，同学们还需完成自评和互评。自评为：完成学情分析问卷、学生提前搜集准备的银杏河流域资料、学习记录单、访谈记录单。互评为：小组成果的总体评价和小组成员的互相评价，前者由教师和其他小组共同完成，后者由小组长根据成员的表现评定。

【活动结果】大部分学生都表示通过此次活动，能将课本知识与实际生活联系起来，更好地理解和应用所学的知识。同学们关于本次活动的意见和建议主要集中在两个方面。一是由于受天气的影响，当天考察路线泥泞，建议下次选择一个路况较好的地方进行考察；二是由于活动人数较多，队伍较长，教师讲解的过程中有的学生没有听到。

【活动评价】通过组织开展此次考察活动，任课教师认识到野外考察作为一种地理学科独特的学习方法，对于中学生提高地理学习兴趣、理解课本知识、掌握必备的野外生存技能具有重要意义。同时，教师也意识到组织一次有效的、完整的考察活动并非易事。无论是确定考察路线、设计考察活动还是学习效果的保证，都需要前期完善的准备和团队的协作，每次活动都是一个提升过程。

案例14 扬州小微湿地自然教育活动

中国大运河博物馆

【实施地点】三湾湿地公园位于扬州古运河三湾段，占地约101公顷。该公园立足现有湿地资源，利用绿色生态技术，构建圈层保护体系，实现了原生态湿地保护与游览休闲的融合。自2017年对外开放以来，三湾湿地公园已经成为扬州城市南部的新名片。

【组织实施】

1.活动设计

知识与技能：认识湿地生态系统的水生微生物和湿地环境系统内生长的昆虫、鸟类、鱼类等动物和各类植物；了解分类的基本单位是种；了解生物的多样性。

意识和理念：提高保护湿地的意识；认同人与自然和谐共处的理念。

情感、态度和价值观：让青少年有爱护湿地环境的情感、有保护生态资源的态度、有“绿水青山就是金山银山”的生态价值观。

2.活动执行

具体活动为3天营期，每天的活动安排围绕一个主题展开。

第一天：听生物科普，寻湿地乐趣。

（1）参观大运河湿地展厅，并由科普讲师进行水生微生物和昆虫多样性科普讲座，带领青少年认识常见的浮游植物、浮游动物和昆虫，介绍浮游生物和昆虫标本制作的基本方法。

（2）两个家庭一组，提前宣读活动安全须知和注意事项，由指导老师带领在三湾湿地公园的河道、池塘的预设点进行样品采集，社会教育人员及家长从旁协助并保证青少年安全。

（3）将采集样品带回馆内社会教育课堂。指导老师讲解并演示浮游生物标本制作和显微拍照的方法，指导每组家庭对各自样品进行固定和显微观察。

（4）每组家庭观察并拍照记录采集样品中发现的浮游生物种类，汇总各组数据，由指导老师进行浮游生物的属种鉴定，讲解不同种类浮游生物的生物学特征及其生态地位，并在此过程中互动答疑。

第二天：游三湾公园追湿地昆虫。

（1）两个家庭一组，由指导老师带领在三湾湿地公园的草丛、灌木丛和山丘的预设点进行昆虫网捕、扫捕、搜索或安装诱集装置，采集昆虫样品。

（2）将样品带回馆内社会教育课堂。指导老师讲解并演示标本的制作方法，指导每组家庭进行各自样品的分类和标本制作。

（3）汇总各组家庭采集和制作的昆虫标本，由指导老师进行昆虫的属种鉴定，讲解不同种类昆虫的生物学特征及其生态地位，并在此过程中答疑。

第三天：谈所得所获，畅湿地爱护。

（1）分享汇报，共看成果。各亲子家庭分享探究活动的收获感受和感想，分析活动的不足并给出改进意见。

（2）共同签名，合影留念。给参加活动的小学生颁发夏令营体验结课证书并合影留念，在“爱护湿地，共同保护美好家园”的横幅上进行集体签名。

【活动结果】对大部分青少年来说，本活动的探究内容具有一定高阶性和挑战性，这激发了青少年的求知欲和探索欲，达到了很好的互动效果。凭借本活动，还为顺利构建三湾湿地公园的浮游生物和昆虫名录、监测该湿地公园生态质量提供了一个窗口。

活动的各个环节由工作人员拍照记录并编辑整理成图文和视频的形式推送。活动圆满结束之后，在中国大运河博物馆的各平台官方账号进行二次宣传推广，使活动影响力持续扩大，逐渐形成一种全民亲近湿地、保护湿地的风尚潮流。

【活动评价】

（1）组织形式立体化。本案例按照“馆内讲解—野外探究”相结合的方式带领青少年进行主题化探究，通过馆内的科普讲座，让参加活动的青少年学习相关知识，利用野外调查激发他们的兴趣和学习的主观能动性，既保证活动的专业性又增添了探究的乐趣，且这样的教育方法可复制性强，各地市博物馆和湿地公园可借鉴本案例的做法。

（2）内容选择新颖化。本案例选择常被人们忽略的水生微生物和昆虫进行物种多样性探究，为青少年认识湿地生物多样性打开了一扇窗户，让他们及早树立“保护湿地就是保护生物多样性”的意识。

（3）调动社会教育资源。中国大运河博物馆湿地展厅与相关水生生物学方向和园艺学方向的专家建立了合作关系，邀请资深专家作为探究活动的科普讲师，并指导营员开展水生微生物和昆虫多样性探究和标本制作。

案例15　吉林省“生态环境小博士”湿地自然教育活动

东北师范大学国家环境保护湿地生态与植被恢复生态环境部重点实验室

【实施地点】该活动在吉林抚松县松江河、敬信湿地、通化市浑江等多地实施。吉林省地处松嫩平原和长白山系交汇，具有丰富的潜育沼泽湿地和泥炭沼泽湿地。因此，吉林省也是东亚－澳大利西亚候鸟迁徙路线重要组成部分，每年有数百万的水鸟以此为停歇地进行迁徙和繁殖。

【策划设计思路】中小学生通过课题研究的形式，利用吉林省丰富的鸟类资源，在鸟类生物多样性监测等方面进行调查研究，并汇集成研究成果。增强了学生热爱水鸟、保护水鸟、重视水鸟生境恢复的热情。通过这样的活动，还可以提升中小学教师的生态、环境，教学品质，实现全省中

吉林省“生态环境小博士”活动启动仪式

小学生在生态、环境等不同领域的知识普及，提高学生的环保参与性和保护意识。

【组织实施】

1.活动设计

本课程主题以鸟类调查为例，达成以下学习目标。

（1）了解湿地的重要性，唤起学生保护自然、爱护湿地的意识。

（2）了解湿地鸟类对于湿地健康的重要性，激发学生了解湿地、保护鸟类的兴趣。

（3）掌握湿地鸟类的调查方法，认知更多的湿地鸟类，并与日常生活中的鸟类及保护联系起来；帮助学生形成良好的日常观鸟、爱鸟、护鸟的好习惯。

（4）掌握鸟类多样性分析的基本方法，通过小组研究及报告撰写等课程手段，提升学生独立思考和质疑的能力，具备从生态视角中提出科学问题的思维和能力。

2.活动执行

（1）课程讲授。通过线上课题及线下教学活动对学生进行课程讲授，让学员理解湿地的定义、湿地鸟类的种类、湿地鸟类的重要性及调查意义。让学生掌握不同生境、不同条件下使用不同的样点法、样线法对鸟类进行调查的能力。

（2）野外教学。开展实践教学，在野外河边或湿地岸边对学生进行现场授课讲解或录制野外教学视频对学生进行讲授，教授学生工具书籍查询、望远镜使用方法，样点、样线布设方法和观测方法。通过实践教学加深学生对湿地鸟类观测和数据收集的能力。

（3）学生独立监测。在具有安全保障的前提下，学生以小组为单位开展不同生境的鸟类监测研究。通过对鸟类的种类、数量、分布生境和生态习性等观测获取研究数据。每一个监测小组配备指导教师一名。

（4）数据处理分析。各小组在指导教师的带领下，对获取数据的多样性指数和生境进行分析，了解鸟类保护的重要性和其生境面临的问题，思考保护措施。

（5）评估。各小组以研究报告、活动总结及心得的形式提交成果。针对各小组成果进行评审打分，颁发奖状及奖品。

【活动结果】生态环境部重点实验室联合吉林省生态环境厅环境保护宣传中心、吉林大学共同开展了为期半年的吉林省“生态环境小博士”自然教育活动，有6所学校的120名中小学生参与其中。

各中小学教师、同学均对本次活动给予了高度评价：不仅能够从中学习到很多知识，也锻炼了团队协同能力和发现问题、总结问题、解决问题的能力，且活动内容和身边所见所闻息息相关，具有普适性。此类活动在具有湿地且有水鸟停歇的区域均可开展。

【活动评价】

（1）本活动充分调动大学、政府、社会媒体等不同部门共同参与，能够发挥大学的专业优势，政府的统筹优势，媒体的宣传优势。

（2）活动覆盖吉林全省的中小学，从中选拔具有积极性和优势特色的学校参与，能够提升全省中小学对自然教育的重视程度，提高学生的生态环境意识。

（3）项目结果由政府机关、大学院校共同组织专家进行评审并共同颁发奖状，能够提升学校及学员的参与热度，有助于自然活动的开展及科学知识的普及。

案例16 “生机湿地”环境教育活动

陈璘[1]

【实施地点】已开展活动的地点以长江流域各省（自治区、直辖市）为主，还有珠江三角洲等多个城市。案例具体实施时会根据课程内容特点和受众情况，选择适宜的授课环境，主要涵盖学校、公园、保护区、场馆、社区等。

户外活动举办较集中的地点有广州海珠国家湿地公园、苏州太湖湖滨国家湿地公园、江苏同里国家湿地公园、重庆彩云湖国家湿地公园、江苏沙家浜国家湿地公园、北京奥林匹克森林公园等。

【策划设计思路】希望参与者可以建立起对湿地生态价值及其相关环境问题的基本认知；理解湿地保护管理及其面临的挑战威胁；形成保护湿地的价值观和参与保护的主观积极性；掌握相关分析、理解和解决湿地问题的方法与技能；思考并践行直接或间接参与保护湿地的具体行动。

此外，为了与学校教育更好地衔接，整套课程内容和目标的制定均与《中小学环境教育实施指南（试行）》《全日制义务教育科学（3～6年级）课程标准（实验稿）》《义务教育生物学课程标准（2011年版）》《普通高中生物课程标准（实验稿）》《全日制普通高中地理新课程标准》以及《中国学生发

① 作者单位：世界自然基金会（WWF）。

展核心素养》进行了对标设计。

【组织实施】课程包括“奇妙水世界”“湿地放大镜”“湿地与我们”“湿地守护者”共四大主题，12个模块。

在实际开展教学中，教育者可以根据具体教育目标和参与者特点等因素，使用模块化的设计思路，有选择性地挑选相关内容，组合定制成灵活的教学方案。

课程除了涵盖湿地的丰富价值、所面临的困局、湿地保护的知识和基本方法外，着重通过互动体验的方式学习保护方法，激发学习者关注湿地、践行保护的行动。

【活动结果】2017年，该课程集正式在中国环境出版社出版，此后，WWF联合原国家林业局湿地保护管理中心以及“一个地球”，在全国范围内，通过讲座、培训等方式支持我国的国家湿地公园、自然保护区以及学校、社区、教育机构开展湿地主题教育活动。此课程也通过全国31个省（自治区、直辖市）的林业厅局分发至全国1200多家湿地保护区和国家湿地公园，为我国的湿地保护宣传教育提供专业指导和实践支持。

2017—2021年，我们依托WWF注册环境教育网络成员，共计在35个城市开展“生机湿地”湿地教育活动。

环境教育活动的教学评估是了解活动成效、总结梳理和提升教学活动质量的重要环节。讲师们最常见的教学评估方法包括学生作品、小测验、活动评估问卷（学生或家长反馈、同事间互评等）、课后课程延伸练习（视频、调查报告等）以及个人总结等。

我们从讲师的描述性总结中找到了一些共识，总结了一部分参与者参与课程后的反馈。我们观察到参与者在活动过程中的参与度非常高，认为课程的形式非常有趣，对参与过程印象深刻。从课程参与者的年龄来看，不仅仅是青少年，成年人也有一定比例的参加，并且表示很喜欢这样的课程。

通过课程学习，参与者更新了对湿地的认知，建立了与湿地的联结。

特别是结合丰富的形式和户外的体验，参与者对湿地生命的好奇心被进一步激发，获得了愉悦的湿地自然体验经历。这促使参与者在课后继续进行自然观察，从而养成一种长期习惯。比如，我们发现有参与者在观鸟过程中激发了对鸟类行为的兴趣。通过系统的课程安排，更有利于参与者将一个短期的自然体验和学习兴趣转化为一个长期习惯。

【活动评价】教育成效的发生离不开科学的教学设计和长期的陪伴学习。“生机湿地”课程的实施与单次的活动相比，我们为教育者提供了更为系统化、长效化的教学方案。从内容上来看，整套课程的内容设计是从众多的湿地教育主题中层层筛选，挑选出对公众而言，重要且具趣味性的湿地教育主题，并最终形成了湿地基础–湿地生物多样性–湿地与人类的密切关系–参与守护行动这条主线。教育者可以通过12节课程的授课，达成湿地保护意识、态度价值观、湿地知识、方法技能、保护行动等多方面教学目标。

案例17　甘肃玛曲湿地自然教育活动

杨扬[①]

【实施地点】玛曲生态体验营（下简称“玛曲营”）的设置围绕阿万仓湿地及其周边环境展开。

① 作者单位：甘肃省绿驼铃环境发展中心。

阿万仓湿地位于甘肃省甘南藏族自治州玛曲县南部阿万仓镇沃特村。黄河自西向东从青海久治进入玛曲木西合，因水泻不畅而形成众多汊河和沼泽，使这片广袤的草原水草丰茂、牛羊肥壮，被誉为“世界最大最美湿地草场”。

【策划设计思路】活动初衷是希望通过帮助社区组织自然教育，为游牧社区提供替代性的生计来源，从而在经济收入得到保障的同时，减少牛羊放牧，以达到平衡放牧与草原湿地生态保护的目的。同时，活动为久居城市的青少年提供了体验草原湿地生活、学习草原湿地生态系统运行机制的机会，最终号召更多的人关注黄河首曲，参与保护母亲河的行动。

【组织实施】

1.活动设计

从湿地的水质、土壤、动植物物种分布和生长情况等到社区牧民每一天如何与自然相处，甚至不方便的洗漱和如厕，都在课程里有所涵盖（表1）。

表1　玛曲生态体验营活动目标框架

序号		自然	社会
1	知识	高原湿地生态系统； 湿地与河流； 草原动植物生态链	牧民生活体验； 传统游牧文化； 社区结构分析； 可持续的社区发展模式
2	技能	野外生存； 自然观察； 湿地动植物物种识别； 水质监测； 草场退化监测； 观星	进入社区； 问卷设计、半结构式访谈； 参与式工作方法； 领导力建设； 藏语、放牧等牧区生活技能
3	价值观	自然环境尤其是湿地保护与经济发展和日常生活的关系； 人人都可参与湿地保护	尊重传统文化及社区生活； 黄河与中华民族的繁衍生息

2.活动执行

考虑到高原生活具有一定的挑战性，玛曲营活动从报名环节起，即协助参与者评估自身的健康状况和对营地生活的接受程度，引导潜在营员理性加入活动。报名成功的营员会收到一份详细的高原生活健康安全说明，方便在行前再次评估自己的实际状况并做好相应的准备。个人物品方面需要确保携带好保暖衣物、雨具和日常药物等。抵达营地的营员将收到包括未来几天所有学习任务的学习手册和文具。在不同的课程环节，组织方将提供相应的辅助物品（表2）。

表2　组织方提供的物品及工具

序号	日程（内容）	配套物品、工具
1	全部自然教育课程	《玛曲生态体验指南》、笔、胶带
2	健康安全	常见病药品、抗缺氧设备、急救包等
3	自然观察	望远镜、“花伴侣”APP
4	湿地水质检测	各种相关试剂
5	草场退化监测	样方框、卷尺
6	高原气候	微型气象站
7	观星	“观星预报”等APP

带队老师和参与课程的社区成员都经过专业的户外技能培训，这意味着除了规划好的课程，他们能够随时解答营员的任何问题，也能处理高原上的突发情况。通过合作社的方式参与并主导玛曲营的湿地自然教育课程，就是他们探索可持续生计发展的一次尝试。

【活动结果】营员按学习手册上的结构记录每天学习到的专业知识和学习心得，在微信群上的心得交流成为了营员的共创板。玛曲项目的实施，已经带动当地有志青年成立自己的环保组织，在不同社区根据实际情况部分或全部复制玛曲营的模式，推动自下而上的可持续发展的探索。

【活动评价】项目的架构清晰，参与方各自投入自己所拥有和擅长的资源和能力，并且也能各取所需，因此具有极强的可复制性。

而对于玛曲营本身，为了确保自然教育的成果能够持续并扩大，玛曲营邀请营员参与共创。通过微信群，来自天南海北的营员在活动中建立的感情得以延续，群里持续更新营地社区的相关信息，激发营员的归属感。更能提升归属感的是营员们编写的参与心得，编写者有着不同的背景，他们的文字或稚嫩明朗或充满诗意，无不是表达着对阿万仓湿地、对青藏高原、对黄河的真诚心意，通过“口碑”打动更多的人参与进来，认识湿地、爱惜自然、帮助守护在那里的社区群众改善生计。

案例18　青海河湟文化二十四节气自然教育活动

杨出云[①]

【实施地点】青海西宁湟水国家湿地公园位于青藏高原东部黄河的一级支流——湟水河及其支流北川河的交汇处，是干旱半干旱高原地区典型的河流湿地复合体，主要由海湖湿地、北川湿地和宁湖湿地三大核心区组成。

【策划设计思路】二十四节气在我国的传统农耕文化中占有重要位置，河湟谷地具有特色的二十四节气文化反映了漫长历史中黄河流域人们认识自然、利用自然、与自然和谐相处的伟大智慧，蕴含了中华民族悠久的文化内涵和历史积淀。

通过发展和焕新二十四节气的内涵和形式，让更多人理解黄河生态价值和家乡文化，拉近人与自然的关系，从生活与美好自然的细微处建立民族文化自信，是作者设计这项活动的诚挚初心。

【组织实施】

1. 活动设计

针对当地的每个节气，设计了对应课程、教具及自然体验。因课程内容较多，附课程大纲如表1所示。

① 作者单位：青海省环境教育协会。

表1　二十四节气自然教育课程大纲

四季	节气	课程介绍	自然体验
春季	立春	她来了，她带着春意走来了	立春到，春天就来了吗
	雨水	雪落茶香，冬春回转	量量降水有多少
	惊蛰	九九艳阳，万物向春	制作一个水果电池
	春分	儿童散学归来早，忙趁东风放纸鸢	趣味竖蛋运动会
	清明	春和景明气清朗，风雨之后见彩虹	小小茶叶，载动文明
	谷雨	水润万物，雨生百谷	粮食从哪里来
夏季	立夏	草木纷碧色，立夏雨离春	认识祁连山，认识河湟谷地
	小满	晴日麦气暖，欣欣向荣见丰年	认识身边的飞羽精灵
	芒种	芒种争时三夏紧，青梅煮酒送花神	小麦的一生
	夏至	北斗星移，夏至大美	用本土植物做一个河湟香包
	小暑	高原无言，自然有爱	探秘黄河水中的“土著居民”
	大暑	金雨斛珠，果实初熟	读懂云图：云彩收集者
秋季	立秋	再见，春天；你好，秋天	自然写生：定格家乡之美
	处暑	秋天的童话	天上的星星会说话：认识北斗七星
	白露	露从今夜白，金风麦豆香	圆圆的“水精灵”
	秋分	让我想想，秋分分的是什么?	河湟谷地的自然与美食
	霜降	不只有霜打的菜好吃呀!	为什么叶子会变色：认识植物叶片
冬季	立冬	温情脉脉的终结者	千奇百怪的种子：认识河湟谷地的农作物
	小雪	是我们的酸菜，也是大地的美味	看不见的魔法师：认识细菌和霉菌
	大雪	雪中的国宝越千年	我也可以变出“雪”
	冬至	土火锅的满福，人间的金光时刻	创意九九消寒图
	小寒	冰与火之歌	醋与蒜奇遇记
	大寒	滑着冰玩着雪，就到春天咯!	雪中的国宝：赏析名画，体味自然节奏慢锻炼

2.活动执行

以秋分节气为例，讲述具体执行内容（表2）。

表2 秋分节气自然教育课程

<table>
<tr><th>活动框架</th><th colspan="2">具体内容</th></tr>
<tr><td>主题</td><td colspan="2">河湟谷地的自然与美食</td></tr>
<tr><td>设计意图</td><td colspan="2">大自然是人类美食的来源。秋分到国庆期间，青海的农作物进入繁忙的收获期，野生的植物有时也会为我们提供风味丰富的美食。河湟谷地有哪些美食来自神奇的植物？围绕这一主题引导学生建立饮食与自然之间的联系，激发对自然和生活的尊重与热爱</td></tr>
<tr><td>活动目标</td><td colspan="2">1.了解秋分节气基本知识；
2.了解河湟谷地农作物成熟规律；
3.了解几种本地美食与植物之间的故事</td></tr>
<tr><td>活动准备</td><td colspan="2">成熟的农作物样品，美食图片</td></tr>
<tr><td rowspan="2">活动流程</td><td>准备阶段</td><td>1.了解秋分节气河湟谷地的物候；
2.欣赏与秋分、中秋节有关的古诗；
3.讨论秋分和中秋节本地的美食与习俗</td></tr>
<tr><td>科学活动</td><td>1.收获的季节：农作物大家庭的成熟时间表；
2.美食从哪里来；
3.本地植物与美食之间的故事；
4.拓展：采集树叶，制作独一无二的树叶画；
5.用彩泥制作本地农作物果实及美食</td></tr>
</table>

【活动结果】通过活动，学生将书本中学到的二十四节气歌与实际生活建立了生动联系，并且开始走入植物的世界。通过学生们的语言、情绪和美术作品等表达方式，发现学生的思维得到了开阔性发展。

【活动评价】青海河湟文化二十四节气自然教育活动，结合了本地自然特点与人文环境，设计了各节气的阅读材料和趣味活动方案，兼顾培养参与者的科学与人文素养，创设了丰富的节气情境。其知识体系涉及许多领域，适合学校、国家公园、国家湿地公园、各级自然保护区、自然教育机构、博物馆等面向小学三年级及以上年龄人群及家庭开展。

案例19　曲麻莱多方参与湿地自然教育活动

于现荣　余惠玲①

【实施地点】青海曲麻莱德曲源国家湿地公园（以下简称“德曲源湿地”）位于青海省玉树藏族自治州曲麻莱县东北部河谷盆地，最高海拔4516米，以高原沼泽湿地为主，是黑颈鹤等22种国家重点保护野生动物栖息地。公园主体定位是保护德曲源珍贵湿地资源，维护下游地区水源和生态安全。

【策划设计思路】2015年至今，德曲源湿地自然教育工作可概括为“探索工作机制、开发宣教材料、建设教育基地、培养师资队伍、影响目标群体”五大模式（图1）。

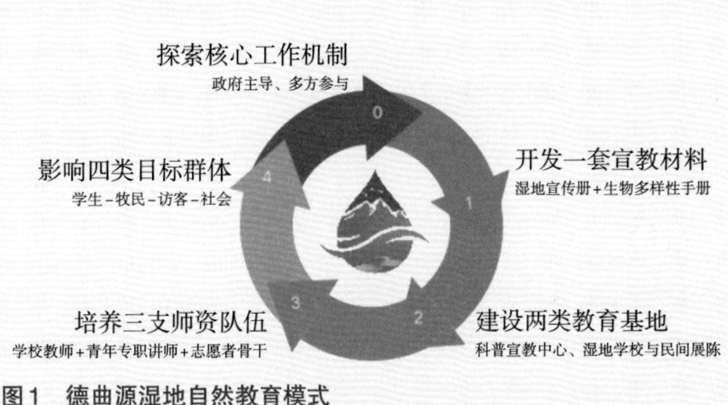

图1　德曲源湿地自然教育模式

1.探索核心工作机制

多年来，以曲麻莱县生态环境和自然资源管

---

① 作者单位：北京富群环境科技研究院。

理局为代表的政府部门，以“政府主导、多方参与”的工作机制积极邀请富群等社会组织、村社、学校、公众多方合作，提升公民保护意识和保护水平（图2）。

图2 德曲源湿地自然教育相关方示意图

2. 开发一套宣教材料

在曲麻莱县生态环境和自然资源管理局指导下，富群积极与曲麻莱县生态保护和野生生物监测协会合作，组织编写了《德曲源国家湿地公园宣传册》《常见野生动植物识别手册》等图文并茂、兼具科学知识与保护文化的宣传教育材料。

此外，富群组织开发了三江源首本生态环境教育教材《家住三江源》，编写了《三江源生态环境教育教师培训手册》，编制了湿地保护在内的19个自然教育主题27份教案，为培育在地师资、推进自然教育进校园提供了专业技术支撑。

3. 建设两类教育基地

德曲源国家湿地公园建成两类自然教育基

地，即官方的国家公园科普宣传教育中心与湿地学校——民间的峻达仓自然教育空间。前者以科学生态知识讲解为核心，后者则侧重地方知识与传统文化。它们各有特色，相辅相成，满足不同教育对象的需求。

4.培养三支师资队伍

在曲麻莱县生态环境和自然资源管理局、曲麻莱县教育局等指导与支持下，富群参与培育了3批在地师资队伍，即由20名麻秀村小学老师组成的学校自然教育教师队伍，由10名当地大学毕业生组成的生态环境教育专职教师团队，和由本土环保组织20名骨干组成的自然教育宣传教育志愿者队伍。

5.影响四类目标群体

德曲源湿地自然教育核心目标群体有四类：当地的学生、牧民、外来的生态体验访客和社会公众（图3）。三支在地师资队伍通过开展自然教育活动、改变行为方式等，带动更多人参与湿地保护。

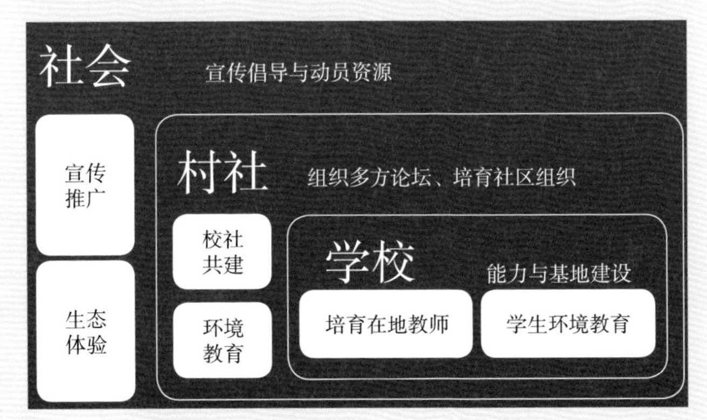

图3　目标群体与教育活动示意图

①针对学生的自然教育：学校教师在学校开展融入式的、专题式的自然教育，如使用图片展示、游戏等体验式教学方法，推广虫草自然资源可持续利用；走进湿地，利用解说标识牌和观鸟台等科普湿地知识，增进人与自然的链接。

②针对牧民的自然教育：生态环境教育专职教师与峻达青年环保志愿者协会骨干，利用生态管护员会议、寒暑假补习班等机会，开展针对牧民的自然教育活动，提高牧民参与生态保护积极性。

③针对访客的自然教育：德曲源国家湿地公园拥有丰富自然资源与传统生态文化。让访客了解高原保护文化，是湿地自然教育的重要目标。在富群支持下，峻达已设计游牧生活体验、生物多样性认知等体验活动，并对访客提供高原神山圣湖、在地山水文化、社区生态保护等方面的解说服务。

④通过宣传影响社会大众：曲麻莱县生态环境和自然资源管理局、曲麻莱县生态保护和野生生物监测协会、富群、峻达等多单位合作，开展广泛的湿地保护宣传活动，通过在线文章推送、图片推介等方式，吸引社会大众关注与保护湿地生态环境。

【活动评价】在政府等多方支持下，富群8年来扎根青海的自然保护地，先后开展多个深入的自然教育和社区发展项目，参与开发三江源首本生态环境教育教材《家住三江源》、编写德曲源国家湿地公园宣传教育册与生物多样性手册、《青藏高原环境教育教学手册》、生态解说词等近10种宣传教育材料，教育活动覆盖13所乡村学校28个村社，培养数百名在地的自然教育师资，支持三所学校获得生态环境部国际生态学校荣誉，教育活动惠及近10万人次，项目被评为联合国可持续发展目标优秀案例。

（韩皓东/摄）

在荡漾的湖泊中感受湿地的旋律

一、湖泊湿地概述

（一）湖泊湿地定义

湖泊湿地是指湖泊岸边或浅湖发生沼泽化过程而形成的湿地，位于湖泊、库塘等封闭的水域内，暂时或长期覆盖水深不超过2米的低地。根据《湿地公约》，湖泊湿地还包括湖泊水体本身。湖泊湿地具有调节气候、调蓄洪水、保护生物多样性等生态价值和供水（蓄水）、水产业、航运等经济价值。

（二）湖泊湿地分类

中国的湖泊各具特色，有的深居高山，雪山环抱，湖光山色交相辉映；有的静卧平原，烟波浩淼，水天一色，就像一颗颗璀璨的明珠，充满生机和灵气地散落在华夏大地之上，给大自然增添了无限风采，给人们带来许多美的享受。

由于我国区域自然条件的差异，以及湖泊成因和演化阶段的不同，显示出不同区域特点和多种多样的湖泊类

（韩皓东/摄）

型：有世界上海拔最高的湖泊，也有位于海平面以下的湖泊；有浅水湖，也有深水湖；有吞吐湖，也有闭流湖；有淡水湖，也有咸水湖和盐湖，等等。

根据湖水所含矿物质的高低，可将湖泊分为咸水湖和淡水湖，其中，湖水含盐量超过1%的为咸水湖。我国荒漠地带和草原上的湖泊大多为咸水湖。青海湖、纳木错湖、色林错湖、扎日南木错湖、当惹雍错湖，被称为“中国五大咸水湖”。湖水含盐量低于1%的为淡水湖。我国淡水湖的数量远低于咸水湖，主要分布在长江中下游地区。鄱阳湖、洞庭湖、太湖、洪泽湖、巢湖被称为“中国五大淡水湖”。

（三）湖泊湿地现状

中国幅员辽阔，天然湖泊遍布全国，无论高山与平原，大陆或岛屿，湿润区还是干旱区都有天然湖泊的分布，就连干旱的沙漠地区与严寒的青藏高原也不乏湖泊的存在。根据全国湿地调查，全国现有面积大于1平方千米的天然湖泊2693个，总面积为81493平方千米。

中国的湖泊分布广但不均匀，主要在长江中下游及青藏高原分布最为密集。按湖群地理分布和形成特点，将全国划分为青藏高原湖群、东部平原湖群、蒙新高原湖群、云贵高原湖群和东北平原及山地湖群共5个主要湖区。

《中国大百科全书》湿地篇章中关于湖泊湿地的功能及其现状是这样描述的：“湖泊湿地是淡水资源的重要储存器和调节器，在流域水资源供给和洪水调蓄方面发挥着不可替代的作用，尤其是在中国东部平原区，湖泊湿地承担的供水和防洪功能在保障流域居民安居乐业方面的地位

鄱阳湖湿地（贾亦飞/摄）

更是举足轻重。然而，随着区域气候环境变化和人类活动干扰加剧，不仅湖泊数量，其形态和分布也发生了巨大变化；而且湖泊水量、水质和水生生物种群与数量变化也十分显著。20世纪40年代末，长江中下游地区湖泊面积约有1/3被围垦，围垦总面积超过1.3万平方千米，约相当于五大淡水湖面积（鄱阳湖、洞庭湖、太湖、洪泽湖、巢湖）总和的13倍，因围垦而消亡的湖泊达1000余个。湖泊湿地生态系统退化、水体富营养化、洪水调蓄能力降低和受人类活动干扰强烈等成为中国湖泊普遍面临的重大问题。”保护湖泊湿地就是保护人类自己，如何在开发利用湖泊湿地资源的同时做好保护，这是值得自然工作者思考的问题。

二、湖泊湿地自然教育资源分析

参考国家标准《旅游资源分类、调查与评价》（GB/T 18972-2017），我们把湖泊湿地的自然教育资源分成了两大部分：自然资源与文化资源，并根据自然教育的特点，设计不同类型的课程，开展丰富多样的活动。

（一）自然资源

形色各异的湖泊湿地如同洒落在大地上的一颗颗明珠，在这些闪闪的明珠里蕴藏着丰富的动植物资源。这些动植物具有很高的经济价值以及生态价值。复杂多样的植物群落，为野生动物尤其是一些珍稀或濒危野生动物提供了良好的栖息环境。湖泊湿地是鸟类和两栖类动物繁殖、栖息、迁徙、越冬的场所。

在湖泊湿地最常见的自然教育活动就是对这些珍稀和濒危野生动物的保护教育。例如，在祖国的最西部，乌鲁木齐白鸟湖湿地公园开展的“飞羽寻踪”活动，让参与者进一步了解鸟类及其栖息地。滇池湿地通过开展观鸟等科普实践活动认识湿地的动植物，加深青少年对湿地生物多样性的了解与认知。鸟类天堂东洞庭湖的“我是鸟类学家”观鸟活动，让水鸟成为连接湿地与公众的最佳媒介。除观鸟外，丽江拉市海湿地的“认识湿地生态系统”活动则为参与者提供了更全面了解湿地的视角。

（二）文化资源

湖泊湿地不仅拥有美丽的风光，宝贵的自然资源，同时也为人们提供了走进湿地、了解湿地、感受湿地的机会和场所。一批批环保爱护者、志愿者在湖泊湿地中开展一个又一个亲近自然的活动，为保护湖泊湿地传承着一代又一代的精神。

我国从东到西分布着不同类型的湖泊，不同地域、不同民族的文化风俗也不尽相同。江苏同里国家湿地公园毗邻澄湖和白蚬湖，根据当地本土化的特点设计了“四季物候——芡实”的主题课程，让参与者了解传统文化中“不时不食”的理念，在体验中激发对湿地的关爱之情与保护行动。同在江苏的常熟南湖湿地“自然有故事”系列自然教育课程，通过自然体验，引导参与者进行自然创作，理解各种自然与湿地知识及其与日常生活的联系。我国的第一大淡水湖——鄱阳湖举行的“白鹤回到我们家乡”活动，使参与者在认识白鹤的同时增强对家乡的热爱，提升关于人与自然和谐相处的生态文化认知。我国西北地区的可鲁克湖-托素湖省级自然保护区开展的“湿地觅芳踪——吉祥鸟黑颈鹤”，则是让参与者在保护鸟类的同时，认识到鸟类所代表的中华民族传统文化内涵。

认识湿地不是目的，如何利用湿地、保护湿地，与湿地和谐共处才是我们的目标。重庆梁平双桂湖国家湿地公园有“探索家门口湿地的奥秘”系列课程，从认识湿地的动植物到体验湿地利益相关方的角色扮演，为“培养小小湿地规划师”奠定了基础。同样的活动也在上海淀山湖湿地展开，让青少年在真实情境中参加“湿地生态修复师”活动。

这些案例让我们看到了湖泊湿地的特殊魅力。接下来让我们一起看看其他丰富多彩的湖泊湿地自然教育案例吧!

三、湖泊湿地相关案例分享

案例20　江西鄱阳湖国家级保护区自然教育活动

祁红艳[①]

【实施地点】鄱阳湖，是我国的最大的淡水湖，它位于江西省北部，

① 作者单位：江西鄱阳湖国家级自然保护区管理局。

北接长江，南抵南昌。鄱阳湖是一个季节性吞吐湖，在丰水期它是一个浩瀚的湖面，进入枯水期，水流进入长江，鄱阳湖变身为几条相连通的河道。当湖面变成一线天之后，湖边就会出现一片一片的洲坦，还有连绵不断的草原。当浩瀚的湖泊变身为湿地，大量的候鸟就会从世界各地飞来。候鸟飞起时会遮住天上的太阳，落下时会掩盖湖边的草滩，场面相当壮观。

【策划设计思路】为让幼儿认识江西省鸟——白鹤，了解它在鄱阳湖的邻居们，活动用皮影表演的方式引导幼儿欣赏鄱阳湖生态美，激发幼儿爱护小动物、保护生态环境的热情，从小树立环保理念。鄱阳湖保护区以皮影戏的方式面向孩子们开展自然教育活动。

【组织实施】

1.活动目标

（1）了解白鹤基本特征及迁徙路线。

鄱阳湖湿地皮影教育（祁红艳/供）

（2）了解鄱阳湖其他鸟类情况。

（3）让孩子们认识到保护鄱阳湖及其湿地的重要性。

2.活动主题

认识白鹤及它在鄱阳湖的邻居们。

3.活动准备

便携式讲解器、皮影戏幕布、投射灯等，以及自制皮影戏所需的各个角色，包括白鹤一家三口、东方白鹳、白琵鹭、鸿雁、苦草、马来眼子菜、鱼、蚌、螺、蚂蚱、草等。

【活动结果】

（1）认识白鹤及常见鸟类。

（2）了解鄱阳湖及其生态。

（3）初步具有保护生态意识。

（4）培养孩子欣赏自然之美。

案例21　白鹤回到我们家乡

易清　刘芳菁[①]

【实施地点】鄱阳湖位于江西省北部，是一个季节性吞吐湖，每年进入秋冬季节到第二年仲春，鄱阳湖进入枯水期，河滩与9个独立的小湖泊连接，成为北方候鸟迁徙越冬的最佳之地。白鹤是全球濒危物种，全国一级重点保护野生动物，每年冬季从西伯利亚迁徙至鄱阳湖湿地越冬。国家级自然保护区、江西都昌候鸟省级自然保护区、都昌县多宝乡候鸟书屋、候鸟救治医院、江西省自然保护地建设中心江西湿地科普馆等自然教育场

① 易清单位：保护国际基金会。
刘芳菁单位：江西鄱阳湖国家级自然保护区。

所及环鄱阳湖地区小学以白鹤为主题开展自然教育活动。

【策划设计思路】白鹤是江西省的省鸟，江西是白鹤的第二故乡，通过“白鹤回到我们家乡”自然教育课程，带领学生学习有关白鹤的特征和生活习性、候鸟迁徙的知识，引导学生思考白鹤与自己家乡的关联、与自己的关联，激发学生因家乡有白鹤而产生自豪感，想要更多地去了解人与白鹤共同的家园，甚至想要参与自然保护工作。

【组织实施】

1. 活动对象

3~6年级小学生。

2. 活动时长

60分钟。

3. 活动目标

（1）初识白鹤。

（2）了解白鹤迁徙之旅。

鄱阳湖湿地景观与白鹤（江西鄱阳湖国家级自然保护区管理局/供）

（3）激发孩子保护白鹤及保护自然的意识。

4.活动主题

白鹤回到我们家乡。

5.活动准备

（1）活动资料：课程幻灯片，鸟类形象卡片（30张），白鹤保护行动相关照片（1套，A4/A3打印塑封）。

（2）活动设备：投影设备（1套），扩音设备（1套），翻页笔（1支）。

（3）活动工具：迁徙路线标识（5条不同色，能固定住）；白鹤迁徙中抽取的卡牌（5套，每套7个不同的事件，3寸塑封）；石子（200颗，代表白鹤迁徙的能量）；装石子的盒子（5个）。

6.活动流程

（1）破冰：鸟名接龙。

（2）引入：初识白鹤。

（3）讲解：认识不同生境中的白鹤。

（4）分享：白鹤和我们的家乡。

（5）游戏：白鹤历险记。

（6）总结分享。

【活动结果】

（1）掌握白鹤的外形特征和辨识技巧。

（2）了解白鹤生境、迁徙等基本情况。

（3）了解鄱阳湖湿地的重要性。

（4）提升学生对环境保护及生态保护的意识。

（5）激发热爱家乡，保护白鹤的意愿。

案例22　青海可鲁克湖－托素湖省级自然保护区自然教育活动

于现荣　杨芳　余惠玲[①]

【实施地点】青海可鲁克湖－托素湖省级自然保护区位于青海省海西蒙古族藏族自治州（以下简称海西州），距海西州府所在地德令哈市40千米。可鲁克湖是淡水湖，在蒙语中意思为“多羊的芨芨滩”“水草丰美的地方”；托素湖在蒙古语中意思是“酥油湖”，是典型的内陆咸水湖。可鲁克湖－托素湖湿地属于典型的荒漠湖泊湿地，该湿地有鸟类19目41科137种，其中，国家一级保护野生鸟类11种，国家二级保护野生鸟类24种。

作为全球候鸟迁徙网络中部线路上鸟类迁徙跨越青藏高原的核心补给站和停歇地，在此繁殖的黑颈鹤以及越冬的大天鹅、赤嘴潜鸭等水鸟种群占比超过全球种群的1%。

【策划设计思路】鉴于乡村学校的孩子之前几乎没有接触过自然教育方面的课程，有关湿地与动植物的知识比较缺乏，通过开展活动，让孩子们了解自己家乡的湿地与吉祥鸟黑颈鹤。活动特别设计为室内和室外两部分，室内活动以“导入”“构建”为主，室外活动则侧重“实践”“分享”和“评估”。

① 于现荣、余惠玲单位：北京富群环境科技研究院。
杨芳单位：青海多美生态环保科技有限公司。

自然教育课堂（于现荣/供）

【组织实施】

1. 活动对象

3~5年级小学生。

2. 活动时长

约3.5小时。

3. 活动主题

湿地觅芳踪——吉祥鸟黑颈鹤。

4. 活动准备

（1）活动资料：幻灯片，图片，小视频。

（2）活动设备：望远镜。

（3）活动工具：鸟类和植物的图鉴，《湿地自然观察表》，大白纸，彩笔。

5.活动流程

（1）播放“可鲁克湖－托素湖”的美景视频，引出活动主题“湿地觅芳踪——吉祥鸟黑颈鹤”，然后提问。

（2）望远镜使用。讲师演示，然后学生们现场使用望远镜。

（3）指导观察要领。“重点看黑颈鹤颈部、尾羽的颜色”“仔细观察黑颈鹤的动作”“黑颈鹤在吃什么呢？”

（4）湿地自然观察。在湿地观测点，讲师和学生们一同观看有关湿地动植物的展板，观察野生植物，将看到的动植物名字在表上记录下来。

（5）绘制绿地图。学生们结束观察后，三五人一组，根据这次湿地探访的经过和所见所闻，共同绘制湿地的绿地图。

自然观察绿地图（于现荣/供）

【活动结果】

（1）了解黑颈鹤主要特征。

（2）了解黑颈鹤在当地传统文化中的意义。

（3）了解自己的家乡与湿地、黑颈鹤与湿地的关系。

（4）增强对湿地作为动植物栖息地的关注，以及激发湿地保护意识。

（5）掌握望远镜使用方法。

（6）可以自行绘制湿地绿地图。

【活动评价】通过本活动，参与者可以从中学习到一些基本知识，并提升意识理念，掌握自然教育的一些基本技能，在情感和价值观上有所升华。

案例23　湖南东洞庭湖国家级自然保护区自然教育活动

唐香龙①

【实施地点】洞庭湖区位于长江中游荆江南岸，跨湘、鄂两省，包括荆江河段以南，湘、资、沅、澧四水控制站以下的广大平原、湖泊水网区。作为东亚－澳大利西亚候鸟迁徙路线上的国际重要湿地，洞庭湖不仅是鸟类的天堂，也是观鸟的胜地。每年10月至翌年3月，成群结队的候鸟来到这里越冬和栖息。这些候鸟不仅是湿地野生动物中最具代表性的类群，更是湿地生态系统的重要组成部分。

【策划设计思路】“我是鸟类学家”湿地自然教育课程，面向湖南东洞庭湖国家级自然保护区周边4～6年级小学生。以自然课堂、自然游戏、观鸟课堂、自然笔记等丰富的自然教育活动形式，让鸟类成为连接学生与

① 作者单位：中南林业科技大学。

湿地的媒介，种下一颗生态文明的种子。不仅让学生们建立起湿地的基本概念，了解鸟类的生态分类、形态特征、生态习性等基础知识；更重要的是激发学生对鸟类的思考和探究，让他们理解并认同鸟类和湿地对于人类的重要性，认同自然保护的意义。

【组织实施】

1. 活动主题

我是鸟类学家。

2. 活动对象

4～6年级小学生。

3. 活动时长

2.5～3小时。

4. 活动准备

（1）活动资料：幻灯片、人造虫、人造鱼、人造蟹各15个，“长纸喙”“短纸喙”各4个。

（2）活动设备：望远镜、照相机、讲解器。

（3）活动工具：鸟类标本、小学生自然环境素养测量表、自然笔记绘画纸。

5. 活动流程

（1）感知体验：发现湿地。

（2）认识了解：认识水鸟。

（3）反思讨论：湿地与水鸟。

（4）自然游戏：涉禽喙竞赛。

（5）自然游戏：候鸟的迁徙。

（6）自然笔记：鸟类分布绿地图。

自然观察图展示（唐香龙/供）

【活动结果】

（1）了解洞庭湖湿地及水鸟的基本知识。

（2）意识到水鸟对湿地的依存关系。

（3）建立亲鸟类、亲自然、亲环境的生态理念。

（4）学会自然观察，做自然笔记。

（5）激发对未知鸟类、未知自然的好奇与想象。

【活动评价】运用数据分析软件SPSS 20对收集到的小学生自然环境素养测量表进行前后对比分析发现，参与课程的学生在自然态度和亲环境行为维持在较高水平，自然知识获得显著提升，表明活动有效地传播了鸟类知识，增长了学生对自然的了解。

案例24　云南滇池生物多样性自然教育活动

李羿[1]

【实施地点】滇池位于昆明坝子中央，东起呈贡区旁，西至西山之麓，北临大观公园，南入晋宁县内。滇池为中国西南第一大湖，湖面南北长40千米（含草海），东西平均宽7千米，最宽处12.5千米。湖面海拔1886米，湖岸线长约150千米。流域面积（不包括海口以下河道流域面积）为2920平方千米。滇池是云南省最大的淡水湖，有高原明珠之称，是昆明的母亲湖。

【策划设计思路】通过开展环滇池观鸟节、滇池关爱日、滇池生物多样性公众教育、科普宣传进社区和学校等科普实践活动，走进滇池周边湿地，学习认识湿地的植物、鱼类、鸟类、昆虫；通过在湿地进行水质检测、创作湿地自然笔记等活动，加深青少年对湿地生物多样性的了解与认知，学习并掌握保护环境和生物多样性的基本方法，激发青少年对城市自然环境的感知力和探索自然的好奇心。

【组织实施】

1.活动主题

滇池湿地生物多样性观察。

2.活动对象

6～18岁的儿童、青少年。

---

① 作者单位：云南滇池保护治理基金会。

3.活动时长

约2小时。

4.活动准备

（1）活动资料：动植物认知卡片。

（2）活动设备：望远镜、手机、相机。

（3）活动工具：自然观察手册。

5.活动流程

（1）破冰游戏——取自然名。

（2）湿地知识讲解。

（3）观察湿地，记录湿地的鸟类、植物，并解答相关问题。

（4）设计知识复盘小游戏。

滇池湿地观察（李羿/供）

（5）亲水活动、生物多样性科普课堂、制作自然笔记并分享。

（6）活动总结。

【活动结果】

（1）辨别滇池周边常见鸟类。

（2）辨别滇池周边植物。

（3）了解生物多样性。

（4）学会自然笔记制作。

（5）了解人和湿地的关系，增强生态保护意识。

案例25　丽江拉市海湿地自然教育活动

杉野自然

【活动地点】拉市海高原湿地省级自然保护区位于丽江市区西面10千米处的拉市坝中部，是云南省第一个以湿地命名的自然保护区。“拉市”为古纳西语译名，“拉”为“荒坝”，“市”为“新”，意为“新的荒坝”。拉市坝中至今仍有一片宽广的水域，称为拉市海，湖面海拔2437米。

丽江拉市海国际重要湿地文海片区自然教育研学“文海生态系统科考”活动围绕文海独特的野生动植物、生态系统及当地少数民族文化的认识和保护来开展，目的是带动社区和公众一起关注和参与文海的生态保护和可持续发展。

【策划设计思路】文海生态系统科学考察结合文海的地质地貌、生态、可持续发展等多个方面，展开知识性、科普性与实践性共存的自然研学教育。通过趣味的体验课程，结合导师深入浅出的科普解说，进行文海生动的科普教育，让学习者更深入认识自然、了解自然、走进自然，并能参与到保护自然的实践中。

【组织实施】

1.活动主题

认识湿地生态系统。

2.活动对象

对自然体验感兴趣人群。

3.活动时长

2天。

4.活动准备

（1）活动设备：望远镜。

（2）活动工具：研学手册、水质检测工具。

5.活动流程

（1）鸟类调查。

（2）水质检测。

（3）生态系统调查。

（4）生态艺术制作。

（5）喂鸟器制作。

（6）回顾与总结。

【活动结果】

（1）学会鸟类识别与调查。

（2）学会水质检测。

（3）学会生态系统调查。

（4）学会喂鸟器制作。

（5）提升生态保护意识。

（6）认识到文海湿地的重要性。

【活动评价】“文海生态系统科考”是科普性与实践性共存的研学活动。活动推动当地社区的参与，为当地居民增加了收入，带动了当地生态旅游的发展，还宣传了对湿地生物多样性的保护，取得了很好的社会效益。编写了详细的《文海社区参与式生态旅游规划》和《文海生态旅游手册》。

案例26　同里国家湿地公园自然教育活动

朱丽仙①

【实施地点】江苏同里国家湿地公园位于江苏省苏州市吴江区，总面积1142.7公顷。东南与著名的江南水乡古镇周庄为邻，西与千年文明古镇同里相连，北面和南面依傍千顷碧波的澄湖和白蚬湖，地理位置十分优越。

同里湿地公园面积近4000亩（水面2000多亩），面积之大、绿化之好、生态之佳，江南少有。园内已初步建成水杉林、池杉林、枇杷园、香樟园、银杏园、桃园、药草园、翠梨园、竹林园、苗圃、鱼

① 作者单位：江苏同里国家湿地公园。

同里国家湿地公园（朱丽仙/供）

塘等旅游观光区。林木茂密，阴天蔽日，黄鹂、白鹭、野兔等多种野生动物时常出没。周围湖泊辉映，农田点翠，农家炊烟袅袅，好一派田野风光。

【策划设计思路】根据四季物候选择应季食物，了解传统文化中“不时不食”的理念，为餐桌带来不同期待。通过活动过程中的知识讲解、互动体验、自然游戏等方式将苏州地方特色“不时不食”的饮食习俗与湿地的物候变化相结合，让参与者更好地了解湿地物种，激发保护湿地的意识。

【组织实施】

1.活动主题

四季物候——芡实。

2.活动对象

6~12岁小学生。

3.活动时长

60~90分钟。

4.活动准备

（1）活动资料：课程幻灯片，当地特色糕点。

（2）活动工具：完整鸡头米及剥取工具，任务单。

5.活动流程

（1）引入环节：分组，做分发、品尝食品游戏。

（2）讲解展示：图片展示并讲解苏州当地可食用野生植物。

（3）展示实物：展示带刺的芡实的果实剪影。

（4）游戏互动：展示3张卡通人物的图片，分别为新石器时代的人、明清时代的人、现代的人，请同学们猜一猜谁是最早吃到芡实的人。

（5）利用图片或者视频展示种植、收获芡实的过程。

（6）趣味体验：手剥鸡头米大挑战。

（7）美食分享：剥出的鸡头米煮成糖水，一起品尝。

（8）总结分享：回顾活动过程及有趣瞬间。

【活动结果】

（1）了解植物芡实的外形特征和对人类的意义。

（2）通过对芡实栽培历史的解读，提高对植物及湿地保护的兴趣。

（3）知道保护湿地、保护环境的重要性，并愿意去宣传相关的信息。

案例27　乌鲁木齐白鸟湖湿地公园自然教育活动

丝路自然教育平台

【湿地概况】白鸟湖湿地公园位于乌鲁木齐市西北郊乌鲁木齐县萨尔达坂乡，是乌鲁木齐市近郊的自然湿地之一。公园占地面积2010亩，生态恢复区占地面积558亩。白鸟湖的水源主要是由红岩水库、碧月潭、王家沟沟谷等汇集而成，也为乌鲁木齐市周边野生物种提供极其丰富的湿地资源，是濒危鸟类白头硬尾鸭在我国唯一有记录的繁殖地，也是我国观鸟胜地之一，吸引着大量观鸟爱好者慕名而来。

【策划设计思路】白头硬尾鸭是新疆鸟类的明星物种，国家一级保护野生动物，被《世界自然保护联盟濒危物种红色名录》列入国际濒危物种。

活动以该明星物种为出发点，希望让本地青少年及其家庭了解以白头硬尾鸭为代表的新疆湿地鸟类，提高对家乡湿地及其生物多样性的认知，倡导更多青少年家庭，以“小小志愿者”“小小宣传员”的身份，参与到湿地保护的实践中，从小树立爱护湿地的意识。

【组织实施】

1.活动主题

飞羽寻踪。

2.活动对象

1~9年级中小学生。

3.活动时长

90~100分钟。

4.活动准备

鸟类鸣叫音频或鸟类照片、鸟脚和鸟喙拼图、鸟类身体结构图、各种鸟类卡片、白头硬尾鸭影像资料、迁徙卡片、迁徙日记和骰子、鸟类折纸、望远镜等。

5.活动流程

（1）志愿者培训：知识内容和授课技巧培训。

（2）户外教学：①导入——猜猜播放的图片或声音中的它是谁？②分小组完成鸟类拼图任务。③小组分享各自鸟类的特征及其生活习性。④游戏——白头硬尾鸭迁徙之路。⑤讲故事：通过插画绘本，讲解白头硬尾鸭的系列故事。

（3）活动总结：鼓励学生分享参与感受及收获。

【活动结果】

（1）了解了鸟的形态特征、生活习性及候鸟迁徙等相关知识。

（2）提高了对鸟类的兴趣。

（3）认识到鸟类面临的环境危机和保护鸟类的重要性。

（4）了解了以白头硬尾鸭为代表的濒危鸟类的生境情况及保护措施。

（5）激发了对保护鸟类及其栖息地的同理心，提高了保护意识。

白头硬尾鸭（丝路自然教育平台/供）

案例28　探索家门口湿地的奥秘

蒋启波　余先怀　王荣①

【湿地概况】重庆梁平双桂湖国家湿地公园位于重庆市梁平区新城区，总面积349.97公顷，生态良好、湿地资源富集、物种丰富，由安宁河、响水河、千明河三大河流与湖泊以及湖岸小微湿地群构成完整的湿地生态体系。

【策划设计思路】双桂湖湿地不仅为梁平提供城市水源、气候调节、雨洪调蓄、生物多样性保育等多种生态服务，还具有物种资源保护、湿地科研与科普宣传教育、湿地游憩观光等多重功能。湿地建有自然驿站、湿地宣传教育中心、生物多样性站等湿地宣传教育场馆，生态鸟岛、生态沟、生物塔、泡泡小微湿地、稻田湿地等可供宣传教育展示的湿地生态示范工程，梁山草甸、农耕文化体验区、观鸟基地等休闲活动空间。这些是开展湿地自然教育的绝佳场所。

因此针对湿地资源情况，围绕认识湿地、湿地生灵、湿地与生活以及湿地守护者4个主题进行相关活动设计。

【组织实施】

1.课程设计

湿地自然教育活动依托双桂湖国家湿地公园，科学利用湿地公园自然生态环境，侧重培养学生的价值体系认识、责任担当、问题解决、创意物化等综合实践能力。具体课程设计见下表。

2.活动执行

下面以“初识湿地”为例，讲述活动的执行。

（1）前期准备

室内课程准备：教学幻灯片（PPT）课件、教学视频，一个装有荇菜、

① 作者单位：重庆梁平区湿地保护中心。

课程及其内容

课程序号	课程类别	课程名称	课程内容
1	通识课	初识湿地	帮助受众了解湿地的功能及重要性
2	通识课	湿地自然笔记	帮助受众掌握自然笔记这种观察记录湿地的方式
3	专题课	湿地飞羽	介绍湿地鸟类知识，让受众了解常见鸟类及珍稀濒危鸟类
4	专题课	我们身边的湿地植物	以“水八仙”、荇菜以及园区内的湿地植物为主要观察对象，向受众介绍湿地植物的种类及基本信息
5	专题课	有趣的虫儿	了解蜻蜓目在内的湿地常见昆虫知识，并解释昆虫和湿地生态的关联性
6	专题课	小湿地大作用	了解小微湿地的特征、类型以及重要作用
7	专题课	湿地规划师	参与者扮演不同身份角色（教师、村长、渔民、工厂老板、附近住户等），共同协商规划方案

“水八仙”等常见湿地植物［约10种，如大薸、圆叶节节菜、睡莲、荇菜、莲藕、鸢尾、苦草、茭白（菰）、黑藻、荸荠等］的盒子。具体种类可以根据当地可以找到的湿地植物进行适当的调整。

户外活动准备：湿地植物图片、观察记录单、写字垫板、签字笔。

（2）活动过程

①室内课程：我们身边的湿地植物（90分钟）。

A.开场介绍——引入主题湿地植物（5分钟）

简单介绍课程背景，告诉同学们基本湿地知识。

B.课前互动——湿地植物“惊奇盒子”（20分钟）

拿出事先准备的装有湿地公园常见湿地植物的“惊奇盒子”。抽选同学上台。请上台的同学伸手到“惊奇盒子”中，以触摸的方式仔细感受一种植物，再向台下的同学描述感受到的特征。台下的同学根据描述推断植物种类。

对于低年级学生可以降低难度，如展示备选的植物种类请他们选择。

C.知识构建——认识我们身边的湿地植物（30分钟）

播放介绍湿地植物视频（10分钟）。

PPT课件详细介绍（20分钟）。

湿地植物四大类：挺水植物、浮水植物、沉水植物、漂浮植物。

认识湿地植物（余先怀/摄）

D. 总结结束——回顾课程内容，拓展思维（5分钟）

想一想，湿地植物如此重要，我们该如何保护它们?

②户外活动——我们身边的湿地植物（100分钟）。

通过湿地植物的寻找、记录、辨识、分类、分享等过程，认识双桂湖国家湿地公园的常见湿地植物。

A. 活动介绍：讲解本次户外实践活动流程和注意事项（5分钟）。

B. 保护环境宣誓：讲解湿地公园里的相关规定，并宣誓（10分钟）。

C. 破冰游戏——苍耳粘。通过游戏热身，调动情绪，并引出活动主题（25分钟）。

D. 报数分组，领取工具（10分钟）。

E. 湿地植物大搜寻及导师讲解（50分钟）。

案例29　重庆湿地公园鸟类多样性调查活动

季鑫[1]

【湿地概况】重庆市照母山森林公园在4300亩范围内栽植了上千种近10万株植物，植被茂盛稠

① 作者单位：重庆市巴蜀中学校。

照母山湖库及周边鸟类多样性调查活动（季鑫/供）

密，奠定了照母山森林公园的绿色基调。

重庆彩云湖国家湿地公园位于重庆市九龙坡区，总面积约1605亩，为国家级城市湿地公园。

【策划设计思路】融入“重庆——山水之城”的乡土人文风情，了解生态资源，结合跨学科课程设计理念，因地制宜地开展以“城市景观湿地鸟类多样性”为切入点的实践活动及科学研究。

通过查阅文献、专家引领、实地调查、分析讨论等途径，对湿地公园中不同季节和不同生境的鸟类物种多样性及取食行为进行监测和调研，认识湿地鸟类群落的结构与功能特征及其环境影响因子，由此进一步深入探究城市湿地生态系统中鸟类物种组成、取食行为等，为城市湿地公园、生态系统的保护提供相关数据，也对城市湿地公园湿地营建及修复提出一些建议。

【组织实施】

1.课程设计

课程框架设计基于“5E-思维型”教学模式5个阶段展开，详情见下表。

课程框架设计表格

5E-思维型课程设计	过程内容	实施建议
引入： 动机激发与情境创设	识别问题和制约因素讨论 1.湿地鸟类能够促进湿地物质能量的循环以及信息的流动，维持湿地的健康与稳定，是湿地生态系统的重要组成部分； 2.湿地鸟类处于湿地生态系统食物链的顶端，对环境的变化和人为干扰极其敏感	在向学生介绍项目之前，教师应抓住学生对设计问题的兴趣点。基于学生已知的内容，结合课堂讨论来进行头脑风暴。通过视频短片、角色扮演、实地考察、专家讲座等形式让学生投入活动
探究： 认知冲突与探究实践	设想和调查研究 1.结合实地初步调查，提出研究问题。例如，城市湿地公园中不同生境鸟类的群落结构和取食策略有怎样的特点和关系； 2.查阅相关文献，围绕“湿地不同生境类型鸟类物种多样性调查”“鸟类取食策略调查”“影响鸟类取食行为的环境因子”等主题，制定调查方案。 3.实施调查研究计划	在研究阶段，关键是所有活动都要有一个明确的目标。在这个阶段，任务的设计应该让学生有共同的经历，而学生在这些共同经历的基础上建立概念过程和技能
解释： 自主建构与合作交流	分析数据、提出观点 1.统计分析数据、建构数学模型，总结城市湿地公园中影响鸟类多样性及取食策略的关键因子； 2.整理出湖库景观湿地鸟类栖息地构建的主要途径（如控制人为干扰、营造湿地水域生境以及营造植被群落生境等）	除了证实学生得出数据、使用的假设和项目设计，教师还必须评估学生在开展项目时所采取的措施，也要评估项目团队的合作情况
扩展： 应用迁移与批判创新	构建和沟通 STEAM模型建构大赛： 1.“湿地植被群落生境营造模型”“基于鸟类招引的湿地景观模型”“湖库湿地鸟类生态分布模型”等； 2.结合“爱鸟周”“湿地日”“野生动植物日”等开展“保护湿地鸟类多样性”的跨学科实践活动，在校园内汇报交流、进入社区宣讲或利用网络向全社会发出倡议	在该阶段，发现式学习或者动手来解决具体问题的学习方法是必须的。在以下情况下很多学生的学习效果最好： 1.在有机会目睹课程内容怎样与现实世界联系的情况下，他们在丰富多彩的现实世界中获得信息； 2.在允许他们犯错误的安全环境里，消化理解信息
评价： 自我监控与反思总结	测试、优化和反思 1.研究报告和科学论文评估、答辩； 2.个人、小组、团队的反思、总结	基于测试的结果评价，学生会优化他们的设计方案

2.活动执行

（1）前期准备

①调查研究场所：重庆市区7个湖库景观湿地（渝北区照母山国家湿地公园、九龙坡区彩云湖国家湿地公园等）。

②科研、学习场所及资料：学校图书馆、重庆市图书馆；《中国鸟类野外手册》《鸟类行为图鉴》《重庆鸟类名录5.0》（2020年版）等。

③器材：单筒望远镜、双筒望远镜、长焦单反相机、数码摄像机、制作湿地景观模型的材料等。

（2）活动对象：中学生。

（3）活动时长：本活动设计的活动周期为一学期或一学年，利用每周的选修课时间及社团活动时间进行室内资料收集、小组分工以及制定方案、举办专家讲座等。利用周末及假期在春、夏、秋、冬不同季节各进行2～3次实地调查。

【活动与评价】

（1）加深对学科核心概念及跨学科概念的理解、迁移及综合运用，高阶思维能力得以发展提升。

（2）掌握了鸟类调查的科学方法，锻炼了参加实践活动的意志力和持久性，提升了科学实践能力。

（3）学生通过制定方案、收集分析并解释数据、建构模型、反思总结等，形成科学观念，提升跨学科解决问题的科学素养。

（4）善于自主学习，具有成为终身学习者的意识，提升了元认知意识和能力。

案例30 “初识飞羽”湿地自然教育活动

刘桃康[1]

【湿地概况】重庆彩云湖国家湿地公园位于重庆市九龙坡区，总面积约1605亩，为国家级城市湿地公园。

【策划设计思路】活动以观察湿地鸟类为切入点，通过观察记录鸟类的外貌特征和行为动作，结合《小学科学课程标准》生命科学领域的相关内容，引发学生对鸟类的喜爱之情，并通过了解鸟类与其生活环境的密切关系，激发学生自觉保护环境、爱护自然的理念。

【组织实施】

1.课程设计

（1）教具准备（表1）。

表1 活动所需教具

物料名称	数量	使用环节
动物伙伴道具	1份/组	引入环节：动物伙伴
鸟的科学定义	1份/组	构建环节：什么是鸟
鸟的六大分类	1份/组	构建环节：什么是鸟
望远镜	1个/人	体验环节：观鸟
观鸟学习单	1个/人	体验环节：观鸟
地垫	1个/人	分享总结

① 作者单位：重庆市自然介公益发展中心。

（2）课程内容（表2）。

表2 课程主题与内容

课程主题	课程内容
鸟的定义	1.鸟是有羽毛的卵生脊椎动物。羽毛是鸟类最显著特征之一。 2.大多数鸟都会飞。为了适应飞行，除了有羽毛以外，鸟还进化出其他一些特征：它们大多身体呈流线形，有助于减少飞行阻力；胸肌发达，有助于扇动翅膀；直肠短，食量大、消化快，有助于减轻体重
鸟的起源	鸟的起源曾经有很多假说，现在主流学术认为鸟类起源于恐龙的一支。在6500万年前白垩纪物种大灭绝事件中，地球上的恐龙绝大部分灭绝了，只有部分鸟类的祖先存活了下来。而基于基因组数据的新研究表明，恐龙灭绝后1000万～1500万年间，鸟类经历了一次“超级物种大爆发”，后来逐渐演化出了1万多种被称为新鸟纲的鸟类，95%的现存鸟类来自这一新鸟纲鸟类
鸟的六大生态类群	1.在中国有确切记录的1468种鸟类按照生活习性和外形特征可分为六类。 2.游禽：鸳鸯、鸭、鹅、雁等。游禽类颈长；嘴扁而宽；眼睛靠上；头略呈三角形，前高后低；胸部宽阔平扁；尾短小；足短并有蹼。 3.涉禽：鹤、鹭等。涉禽常栖止于浅水地带，习惯长时间站在水中等候鱼、虾游来，啄而食之。 4.陆禽：指鸡形目和鸽形目的所有种类，这些鸟类主要在陆地上栖息，因此被称为陆禽。 5.猛禽：鸮、鹰、雕、鹫等。猛禽类食肉，性格凶猛；头部扁平；上眼眶突出，眼大凹进，并略向前集中；嘴部粗壮弯成尖钩状，嘴的基部有蜡状膜或羽须，口裂大，延伸至眼下方；腿爪粗壮，指甲弯成尖钩状，是捕食的利器；翅膀强大厚硬，一列飞羽张开如手指状。 6.攀禽：啄木鸟、鹦鹉、翠鸟等。攀禽以善于攀缘树木为特点。啄木鸟与鹦鹉的第四趾转向后方；翠鸟的二、三趾基部相连，三、四趾并生，只能攀枝，不宜落地。 7.鸣禽：鸣禽是鸟类中最进化的一类，善飞翔、善跳跃、有声带、善鸣叫，嘴形因食性而异
鸟在生态系统中的作用	1.鸟是开花植物的传粉者：尤其是某些热带鸟类，如蜂鸟、花蜜鸟、太阳鸟等。 2.鸟是植物种子的重要传播者：有些植物的种子需要通过鸟的消化道以后才可以萌发。 3.鸟可以有效控制虫害和鼠害：没有这些鸟类，自然界的生态平衡可能会被严重扰乱
鸟的嘴型与食性的关系	1.短而直的喙主要以虫为食； 2.强大末端有弯钩的喙主要以鸟兽等为食； 3.长而直的喙主要以鱼和虾为食； 4.强直且尖锐的喙以昆虫为食； 5.扁的嘴以杂食性居多

2.活动执行

（1）前期准备：告诉学生接下来的观察安排，向学生展示目标鸟种类图片，让学生熟悉观鸟清单。讲解和练习望远镜的使用。出发前告诉学生观鸟的注意事项及安全须知。

（2）活动过程（表3）。

表3　活动设计

序号	实施环节	活动名称	内容
1	破冰引入	动物伙伴	老师给学生们分发动物卡片（蝙蝠、苍蝇、企鹅、鸡），需要同学用身体表演出这种动物，寻找和自己同样物种的伙伴
2	知识构建	什么是鸟	学生判断自己表演的这种动物是不是鸟，以此归纳总结鸟的科学定义
3	知识构建	鸟的生态类群	讲解鸟的生态类群，在中国有确切记录的1468种鸟类按照生活习性和外形特征可分为六类，各类鸟因食性、觅食方式和生活环境不同，形成各不相同的体型特征
4	直接体验	观鸟	带领学生进行观鸟之旅。根据所见鸟类，结合观鸟清单，进行简单讲解。遇到特定目标鸟种时，请学生们完成相应记录
5	总结	分享总结	请学生回忆刚才看到的鸟类，通过观察它们的嘴巴猜测它们的食物类型，以及生活的区域

（3）活动对象：小学生及其家庭。

（4）活动时长：2～3小时。

自然笔记展示（刘桃康/供）

案例31 “鹤类保护的自然课堂”东北林业大学自然教育活动

吴庆明[1]

【湿地概况】松嫩平原、三江平原、松辽平原以及大兴安岭、小兴安岭的保护区是我国鹤类的主要繁殖地和迁徙停歇地，主要分布的鹤种类有丹顶鹤、白枕鹤、白头鹤、白鹤、灰鹤以及蓑羽鹤，也偶见沙丘鹤。这些自然保护区既是鹤类的主要分布地，也是国际重要湿地，最为著名的有黑龙江的扎龙自然保护区、兴凯湖自然保护区、挠力河自然保护区、三江自然保护区、珍宝岛自然保护区、七星河自然保护区等；吉林的向海自然保护区、莫莫格自然保护区等；辽宁的辽河口自然保护区；内蒙古的辉河自然保护区等。

【策划设计思路】我国东北是中国湿地分布的主要区域。这些区域不仅是世界濒危鹤类等湿地水鸟的主要繁殖地和迁徙停歇地，还是东亚－澳大利西亚鸟类迁徙路线的重要组成部分。该区域的湿地对世界水鸟的保护有着至关重要的作用，而这些恰恰是湿地类型自然保护区的主要保护对象，适宜的自然教育便自然而然地成为保护湿地及其湿地水鸟的主要方式。这些湿地自然保护区，都在以各种方式开展着以湿地及湿地水鸟为主的自然教育，但系统地、深入地、连续地开展自然教育并不多，还有很大的潜力需要深入挖掘。

【组织实施】

1.活动主题

保护鹤类及其所在的湿地资源。

2.活动目的

（1）让保护区周边的孩子和老师对鹤类和湿地生态系统有更好的了解。

（2）让保护区周边更多的居民和与保护区有关的更多的行政部门了解

① 作者单位：东北林业大学。

关于鹤类和湿地的知识。

（3）培养更多的对鹤类和湿地感兴趣的志愿者，特别是大学生。

（4）为保护鹤类及湿地，激发对鹤类及其栖息地的兴趣，建立长期的自然教学活动形式。

3. 活动对象

居住在鹤类栖息地附近的中小学生和教师；对鹤类和湿地感兴趣的志愿者，尤其是大学生。

4. 活动时长

5～7天。

5. 活动流程

（1）前期准备：进行人员筛选、培训、课程设计等，同时在校园内进行活动预演。

（2）活动过程：每个自然保护区的自然教育活动一般为4～6天，包括熟悉教学场地1天、教学活动2～3天、活动后的野外观察或团建活动1～2天。主要内容如下。

湿地植物认知（吴庆明/供）

①水鸟认知。鹤类是最重要的教学对象，主要介绍鹤类的基本生物学知识、栖息地、濒危因素、与居民的关系等。

②湿地植物认知。具有代表性的湿地植物是最重要的教学对象，主要介绍这些植物的一般生物学知识、与鹤类的关系以及与居民的关系。

③湿地认知。湿地的功能是最重要的教学目标，如蓄水、滤水、生物多样性等，侧重湿地与鹤类和居民的关系。

④湿地艺术创作。这是自然教育的重要教学内容，包括写作、绘画等。这种教学活动能体现自然教育的教学效果。从对水鸟、湿地植物、湿地教育的感受出发，每个学生都有自己的创作机会。

（3）分享与点评。点评写作和绘画，并颁发证书。这是最重要的自然教育部分，能够提高参与者对湿地生态系统的认识。点评者对这些优秀的湿地艺术进行评论，部分学生表达他们的感受和收获。

【活动结果】

（1）了解、理解、掌握以鹤类及其栖息环境为核心的动物学、植物学、生态系统等方面的相关知识。

（2）提升对鹤类及其湿地生态系统的认知，建立鹤类保护、资源保护的意识和理念。

（3）掌握开展系列自然教育活动的技能技巧。

（4）培养参与者爱鹤类、爱自然的情感和生态价值观。

案例32　太湖国家湿地公园湿地鸟类调查

张莉[1]

【湿地概况】苏州太湖国家湿地公园坐落在“人间天堂”苏州市区的西部，西枕太湖，东接东渚，南连光福，与“中国刺绣之乡”镇湖毗邻，规划总面积4.6平方千米，2010年2月正式对外开园，2011年10月成为全国首批12个正式授牌的国家级湿地公园之一。

公园着重开展以探索“生态科普+实践体验”的模式，发展“自然课堂”的科普宣传教育活动。以二十四节气为主题课程，同时融入小镇特色发展湿地，充分挖掘小镇湿地文化，开发当地特色宣传教育课程。根据不同活动形式，开发更多能满足不同人群、独特的自然宣传教育课程，打造科普宣传教育新天地。

【策划设计思路】围绕“鸟的特点”，让学生通过观察和资料分析，学习提取有效信息，对鸟的特点进行科学地认知和描述。

【组织实施】

1.活动主题

鸟的特点。

2.活动对象

4～5年级小学生。

① 作者单位：苏州太湖湿地世界旅游发展有限公司。

3.活动时长

3小时（观察1.5小时）。

4.活动准备

相关湿地鸟类影视资料及图片（配合课件进行文字说明）、观察记录单、望远镜、纸笔。

5.活动流程

（1）利用现场观察及影视图片资料和文字信息，对鸟类的特点进行观察记录（表1）。

（2）分析相关鸟类资料，科学地描述鸟类特点。

（3）观察记录与探讨。出示鸟类图片资料，讨论交流。

（4）归纳概括这种鸟的特点，整理观察记录单（表2）。

【活动结果】

（1）通过观察鸟类、游戏进行模拟互动，更加生动、有效、直观地了解鸟类的共同特点，以及鸟类间的不同特点。

（2）以各种体验（如绘画等）形式，直观地了解鸟类间的相同点与不同点。

表1 “鸟的特点”研究活动观察内容

<table>
<tr><th colspan="2">鸟类外在形象特点</th><th rowspan="2">生活习性</th><th rowspan="2">运动方式</th></tr>
<tr><th>共同点</th><th>不同点</th></tr>
<tr><td colspan="2"></td><td></td><td></td></tr>
<tr><td colspan="2"></td><td></td><td></td></tr>
<tr><td colspan="2"></td><td></td><td></td></tr>
</table>

表2 “鸟的特点”研究活动观察记录单

研究问题	
观察方法	
观察对象	
观察记录	
鸟的特点	

案例33　太湖国家湿地公园湿地生物多样性调查

郭露霞[①]

【湿地概况】江苏苏州太湖国家湿地公园位于太湖东岸的苏州市吴中区太湖度假区，湿地公园总体呈东西走向，东侧以苏州太湖国家旅游度假区入口为界，南侧以太湖2米等深线为界，西侧以小天鹅栖息地为界，北侧以环太湖大道为界，总面积709.93公顷。太湖国家湿地公园于2009年被国家林业局批准为国家湿地公园试点单位，2013年1月作为苏州吴中太湖旅游区的一部分获批国家AAAAA级旅游景区。太湖湖滨湿地自然学校依托太湖湖滨湿地和周边的景点资源，开展生态环境教育活动体验，坚持生态可持续发展理念，依托场地内现有自然资源，设计了一系列有趣的自然体验和生态共建课程。

【策划设计思路】充分结合初中生物教育的相关要求，让参与者描述湖滨湿地生态系统中的食物链和食物网。阐明自然中生态系统的自我调节能力是有限的，说明保护湿地和湿地生物多样性的重要意义。

【组织实施】

1.活动设计

（1）活动对象：初中生。

（2）活动时长：100分钟。

（3）活动地点：室内室外。

① 作者单位：世界自然基金会。

2.活动执行（表1）。

表1　活动及其内容

活动	内容	工具
开场介绍（5分钟）	介绍什么是湿地，以及湿地生态系统的种类； 多样的湿地环境带来了湿地物种的多样性	生物多样性的3个层次（生态系统→物种→遗传基因）
发现湿地的美（5分钟）	找到最美的湿地景色打卡（集中注意力，引起兴趣）	图框，提前拍好
观察湿地植物（20分钟）	观察记录湿地里的植物种类（沉水和漂浮植物观察可结合捞网采集）； 通过观察了解湿地植物的净化功能	捞网等采集工具、调查表
湖滨湿地的体检（20分钟）	两种水质（内河或其他地方采集的水和湿地的水）的透明度、pH值、营养盐等项目的检测、对比、分析，完成水质检测记录表（表2），得出结论（湿地管护的重要性）	水样和试剂等全套检测物品
分组、分工（10分钟）	游戏分组、活动分工（表3）、安全注意事项、操作示范	—
采集底栖动物（30分钟）	底栖生物对水域里任何变化都很敏感，通过对底栖动物的调查可以了解这个区域水质的情况，形成一份当地环境的分析调查报告	采集工具一套、调查表
总结分享（10分钟）	结论：当水流过水草丰富的湿地时，植物会阻挡水流，使其流动速度减慢。水中的土壤颗粒和其他固体物质会沉淀在草地中，使水变得较为清澈。 湿地植物能吸收和储藏一些污染物质，但它们的吸收量也是有限的。如果有大量污染物进入湿地，植物也不一定能够应付。 通过底栖动物的调查分析，反映出太湖湖滨湿地水质良好且稳定，体现了合理管护湿地的重要性	活动后任务： 根据今天活动学习到的方法，调查自己家附近的环境情况，形成一份调查报告

3.活动物资

PPT课件、水质检测试剂等全套物品、记录表、采集工具一套、调查任务单。

表2　水质检测记录表

采样人：　　　　时间：　　　　地点：苏州太湖国家湿地公园

编号	取样深度（厘米）	样点周围环境记录	透明度（厘米）	气味	pH值	氨氮（mg/L）	亚硝酸盐（mg/L）	溶解氧（mg/L）	结论
正常水质			高	无	7.6～8.8	＜0.2	＜0.01	4～6	
水样一									
水样二									
水样三									
水样四									

天气：　　　　　　　　　　　　　　　　记录人：

表3 活动分工表

角色	工作项目	工作说明
捞捕员	捞网使用者	进行采集工作，用捞网捞捕昆虫、底栖生物以及螺贝类并放置在盆里
生物保管员	塑料盆使用者	将捞捕员捕获的生物保管好，清理掉杂物； 补充适当的水分，让水生生物得以延续生命
生物搜寻员	汤勺使用者	使用汤勺找寻塑料盆中的微小生物； 并用汤勺将小生物放在梅花盘中，1格放1只
观察员	放大镜使用者	使用垫板，查询水生生物的名称，并在学习单上做记录
记录员	记录者	将该队所找寻到的水生生物画在学习单上

表4 调查记录表

<table>
<tr><td colspan="2">小组成员</td><td></td><td>调查日期</td><td></td></tr>
<tr><td colspan="2">调查时间</td><td></td><td colspan="2" rowspan="3">区域地图</td></tr>
<tr><td colspan="2">天气状况（气温）</td><td></td></tr>
<tr><td colspan="2">周边环境</td><td></td></tr>
<tr><td colspan="5">物种记录</td></tr>
<tr><td>序号</td><td>物种名称</td><td>发现地点</td><td>特点</td><td>备注</td></tr>
<tr><td>1</td><td></td><td></td><td></td><td></td></tr>
<tr><td>2</td><td></td><td></td><td></td><td></td></tr>
<tr><td>3</td><td></td><td></td><td></td><td></td></tr>
</table>

【活动评价】了解湿地生物的生存策略，知道不同物种对生境有不同要求，理解各种生物通过食物网相互联系构成生态系统。珍视生物多样性，尊重一切生命及其生存环境，愿意倾听他人的观点与意见，乐于与他人共享信息和资源。

案例34 湿地生态修复师

张俊丽[1]

【湿地概况】淀山湖位于上海市青浦区与江苏省苏州市昆山市交界，总面积约63平方千米，是上海最大的淡水湖泊，也是上海的母亲河——黄浦江的源头。淀山湖湿地位于东方绿舟营地园区内，是东方绿舟为了开展青少年自然环境教育而建立的科普型场所，也是长江三角洲生态修复基地落地实施的内容。长江三角洲生态修复基地旨在加大对淀山湖生态环境保护力度，通过在生态修复基地内进行“补绿放生”“增殖放流”“清理污染”等替代修复方式，切实保护生态环境，这也是东方绿舟营地为保护所在区域湿地而开展的切实举措。每年除了直接对百万市民和青少年开放以外，还对青少年开展了“湿地生态修复师”“湿地植物自然探秘”等活动，深受青少年的喜爱。

【策划设计思路】以淀山湖湿地和东方绿舟湿地科普景观为大本营，对标《中小学综合实践活动课程指导纲要》，聚焦深化湿地具体生态问题的解决，学习湿地环境的基础知识，结合东方绿舟营地淀山湖湿地生态资源优势，通过认识湿地、走进湿地、解密湿地、设计湿地、建造湿地、分享交流几个环节，以合作探究和动手实践的方式发现和解决当前湿地面临的生态问题，最终动手完成湿地环境立体模型作品，呈现湿地修复解决方案及构思设计。

【组织实施】

1. 活动设计

（1）活动主题：湿地生态修复。

（2）活动时长：180分钟。

（3）活动对象：3年级以上的小学生。

① 作者单位：上海市青少年校外活动营地。

（4）活动目的与意义：整个活动分为认识湿地、走进湿地、解密湿地、设计湿地、建造湿地、分享交流几个环节，活动过程中运用生物学、生态学、景观设计等多学科知识，以PBL项目式教学开展活动，通过教师引导、实地探访、动手制作等，达到以下目标：①了解湿地的类型，掌握生态系统的基本知识，了解湿地生态环境问题。②培养学生爱护湿地、保护生态环境的意识。③学习集体协作完成湿地生态设计，完成立体湿地生态系统修复模型搭建。④培养青少年的生态文明意识，激发生态保护责任担当；发现湿地生态修复存在的问题并设计解决，提升学生问题解决和创意物化的能力。

（5）活动内容。

①认识湿地（20分钟）。通过教师的PPT讲解以及实地探访认识湿地，了解湿地的基本构成、自然和人文要素，知道上海常见的湿地。学生通过互动问答的形式知道常见动植物的种类，认识湿地生态系统中常见的动植物，知道动植物在生态系统中的重要作用和意义，了解湿地在生态环境中面临的环境保护和生态修复问题。

②走进湿地（70分钟）。团队分组。

材料收集团：负责小组湿地搭建所需的素材。

设计师团：负责组织湿地修复的设计。

建筑师团：负责动手完成湿地搭建。

小记者团：负责采访和分享小组湿地设计的创意。

②解密湿地：走进淀山湖湿地科普景观，探访湿地的基本构成（自然和人文）。了解当前湿地面临的主要问题，比如，动植物保护、水质污染等，根据任务书的指示按照小组完成湿地考察学习，如动植物调查、水质监测等。

③设计湿地（30分钟）。根据教师的讲解以及湿地探访和任务书调查，小组设计湿地修复图，其中涉及湿地元素及修复概念。

④建造湿地（40分钟）。小组运用草皮纸、干草、干花、塑泥、牛皮纸以及枯草、碎石等素材搭建湿地修复生态模型，根据设计图建设自己梦想中的湿地，体现湿地修复理念。

⑤分享交流（20分钟）。小组选出一名代表分享湿地修复理念及设计，点评其他小组的作品。教师总结点评。

2.活动实施

（1）前期准备

PPT：湿地概念、类型以及当前面临的生态环境问题的介绍。

材料：草皮纸、干草、干花、塑泥、牛皮纸、望远镜

教学任务书：以学习任务书为框架的方式引导学生发现当前湿地生态的问题，并一一列举。

【活动评价】

（1）学生可以识别出3～5种常见湿地动植物（5分）。

（2）发现2～3个湿地生态问题（7分）。

（3）能以小组为单位完成湿地修复设计（6分）。

①包含自然和人文元素（2分）。

②包含湿地修复设计（3分）。

③包含创意设计（1分）。

（4）设计理念解决湿地生态修复问题（7分）。

总分：20～25分，优秀；15～19分，良好。

通过小组代表的分享自评、互评和教师的评价作为结果性评价，以任务书的方式展现过程性评价。

【活动结果】“湿地生态修复师”活动受到了青少年的普遍欢迎。学生们在真实情境中参加过“湿地生态修复师”活动以后，感叹湿地“动植物小精灵”的多姿多彩，深感湿地当前面临的一些生态问题，并在设计制作的湿地修复方案中，通过设计建立水质检测站、水污染处理站、鸟类观测站等不同的方案，来解决自己在实地探索过程中遇到的现实问题。

（丁洪安/摄）

在浩渺的滨海中感受湿地的壮阔

一、滨海湿地概述

（一）滨海湿地定义

滨海湿地是海洋生态系统和陆地生态系统之间的过渡地带，由连续的沿海区域、潮间带区域以及包括河网、河口、盐沼、沙滩等在内的水生生态系统组成，受海陆共同作用的影响，是比较脆弱的生态敏感区。《中华人民共和国海洋环境保护法》明确规定，滨海湿地是指低潮时水深浅于6米的水域及其沿岸浸湿地带，包括水深不超过6米的永久性水域，潮间带（或泛洪地带）和沿海低地等。

（二）滨海湿地分类

我国滨海湿地的类型较多，绝对数量大、分布广、区域差异显著、生物多样性丰富。根据湿地在沿海的地理位置及海岸特征，主要分为浅海滩涂湿地、河口湾湿地、海岸湿地、海岛湿地、红树林湿地及珊瑚礁湿地六大类型。

纵观这些类型的湿地，完全分开是不容易的，它们相互重叠，一个地区同时具有几种类型的湿地，一种类型的湿地又可以在许多地区出现。

浅海滩涂是由陆地和海洋的沉积物在海洋动力作用下形成的滩地。我国沿海的浅海滩涂，除台湾岛东侧面临太平洋深海之外，全部处在亚洲大陆东岸与太平洋西侧大陆架之间。我国主要的河口及海湾均有河口湾湿地，如辽河口、黄河口、长江口、珠江口和北部湾等。海岸湿地的形成依赖于入海河流径流、波浪、潮流及沿岸流携带的泥沙、有机碎屑或无机盐进行纵向或横向的物质运移及循环。海岸湿地的上限为大风浪时海水可波及的地方，一般为3～5米的高程，下限为低潮时水深不超过6米的水域。我国沿海的岛屿周围均不同程度地分布着海岛湿地，目前研究程度稍弱。随着南北气温的差异，杭州湾以南的河口湾泥质湿地中发育有红树林湿地，而在热带亚热带的西沙群岛、南沙群岛及海南岛周围，发育有珊瑚礁湿地，构成热带湿地的特有景色。

（三）滨海湿地现状

我国拥有1.8万千米的漫长大陆海岸线，其北起辽宁省的鸭绿江口，南止广西壮族自治区的北仑河口。第二次全国湿地资源调查结果显示，全国湿地总面积5360.26万公顷，其中，滨海湿地面积579.59万公顷，占全国湿地总面积的10.81%。

二、滨海湿地自然教育资源分析

参考《旅游资源分类、调查与评价》（GB/T 18972-2017），笔者把滨海湿地的自然教育资源分成了两大部分：自然资源与文化资源，并根据自然教育的特点，设计不同类型的课程，开展丰富多样的活动。

（一）滨海湿地自然资源

中国海岸线绵长，海岸带是生物物种最丰富多样的区域之一。滨海湿地生物种类约有8200种，其中，植物5000种，动物3200种。滨海湿地还是水鸟的重要栖息地，250种水鸟中被列为《国家重点保护野生动物名录》的就有52种。

如何利用这些丰富的野生动物资源开展自然教育活动？按照海岸线从北到南，一路南下，先是发现了大连斑海豹国家级自然保护区。在那里开展的“西太平洋斑海豹同步监测”，从最早的监测到开展自然教育活动，从亲子营到夏令营，一步一步扩大影响力，让更多的公众认识到保护的重要性，最后通过科学研究输出专业的论文。然后，来到黄河三角洲自然保护区，中国东方白鹳科考研学活动通过一个旗舰物种，带动了全面的保护和发展，非常有借鉴意义。接着，到达经济发达的上海，那里观鸟调查活动正如火如荼地进行。上海崇明东滩为期一年的鸟类观察，向我们展示了公民如何参与科学调研。最后，来到东方之珠——香港米埔自然保护区，单纯的自然教育课程在那里通过与政府、学校、环境保护组织合作，变成了人人可以参与的环境教育课程。

（二）滨海湿地文化资源

滨海湿地有着独特的历史文化环境、文化空间布局以及水乡渔村、民居建筑、民风民俗。这些丰富多彩的文化资源，在自然教育设计中，往往可以结合起来，开发出独具特色的本土课程。

每年5月，舟山定海五峙山列岛迎来“返乡客”——大凤头燕鸥和中华凤头燕鸥（又称“神话之鸟”）。它们将在岛上完成产卵、孵卵、育雏等生命活动。如何把中华凤头燕鸥这种神奇的鸟介绍给更多的人，让科学走进生活，笔者发现了舟山的自然教育活动案例——“神话之鸟”慢直播活动+线下科普。

在传统中，赶海是居住在海边的人们根据潮涨潮落的规律，赶在潮落的时机到海岸的滩涂和礁石上打捞或采集海产品的过程。利用这个文化传统，通过自然教育活动带领人们去海边观察潮落的野生动物，了解这些生命的过程，也跟大家分享保护海洋的重要性。详情参考“案例41　走进海上森林”。

东部沿海地区经济发展比较快、人口流入快，过去有限的滨海湿地资源面临着城市的侵占。如何在现有的条件下，去做滨海湿地的保护与教育，我们可以从深圳的案例中获得启发。在依托现有的深圳湾公园，开展“鸟儿与深圳湾的约定”，让所有的市民发现另外一种游览公园的方式；在福田红树林自然保护区里面，开展“红树讲堂”，去认识自然保护区，还可以把课程带进学校；在福田红树林生态公园，开展清理外来物种的活动“打绿怪”，让自然回归。

三、滨海湿地相关案例分享

案例35　福田湿地自然教育活动

红树林基金会

【实施地点】福田红树林生态公园筹建于2012年，于2015年12月开园，是一家免费向公众开放的市政公园，同时又是一家兼顾生态保育与湿地教育的生态公园。它既“管理着”深圳湾红树林滨海湿地的生物廊道，也“守护着”生活在其中的自然生灵，同时还开启了市民公众亲近湿地、了解和学习环境保护的门，因此被称为“深圳湾的一把小钥匙”。

【策划设计思路】通过面向1～9年级中小学生开展的系列湿地课程，帮助福田区中小学生建立与本地红树林湿地的情感联结和红树林湿地保护意识；学会使用望远镜、放大镜、观察记录单等工具观察和了解红树林湿地的代表性湿地物种及其栖息环境；学会使用简单的生物方法（如观察大型无脊椎动物）了解湿地水质健康状况；认识到深圳湾湿地是红树植物、鸟类、大型底栖动物等湿地物种的重要家园，意识到人类活动对湿地的干扰及保护湿地的重要性，建立人与湿地和谐共生的环境保护理念，进而与他人分享红树林湿地的相关知识，号召他人关注、保护深圳湾红树林湿地；从身边的小事做起，做好垃圾分类、减少使用一次性塑料制品；继续探索、记录身边的红树林湿地，关注红树林湿地的动态，与家人一同参与红树林湿地相关保护行动。

【组织实施】

1. 活动设计

5个教学活动都基于现有学校各科目教学目标及大纲，并按不同年级的特点和认知水平设计不同能力、知识要求的活动。教学研发过程由在校教师及专业教研人员参与，将自然教育教学目标与学科课程标准相关联、教学活动设计与教学内容相衔接。能够满足45～55人的整班教学需求，且充分发挥教师与家长的协助作用。具体情况见下表。

课程设计

序号	课程名称	适用年级
1	走进海上森林	1 ~ 3
2	探访鸟儿乐园	4 ~ 6
3	探秘红树林潮间带	7 ~ 9
4	寻找红树之旅	1 ~ 6
5	水活力	4 ~ 6

2.活动执行

前期准备：活动前一周给预约成功班级教师寄送教具包，活动前与班级教师确认行前清单完成情况：①完成课堂教学；②提交学生分组名单和购买保险名单；③告知班级志愿者职责；④老师带齐预约资料和课程教学包，学生带齐水杯、笔。

活动前2小时，到教学路线踩点，确认实地考察环节的物种和环境变化及场地安全。准备好教学物料、学生物料及其他物料。

教学物料：各环节教学挂图、手持图卡、望远镜和物种图鉴等。

学生物料：斜挎布包、坐垫、任务单、放大镜、望远镜、捞网等观察工具，以及科普读物和物种图鉴。

其他物料：医药箱、饮用水、活动旗帜、对讲机、驱蚊水、志愿者用任务单或培训手册等。

活动过程包含开场介绍环节和实地考察环节。开场介绍环节：与班级老师及志愿者现场再次确认职责与分组，并提供必要的志愿者物料。如志愿者为学生家长，则尽量分在不同组以保证志愿者能全力协助小组活动开展。实地考察环节：引导员可通过对讲机沟通活动进度、户外观察新情况或突发状况，互相督促集合时间，避免影响后续活动环节。

【活动评价】活动后一周收集班级后测问卷、安排学生访谈，与外部环境教育评估专家合作分析学生前后测绘画和后测访谈数据，以了解学生的学习成效。目前“走进海上森林”“探访鸟儿乐园”已形成评估报告，结果显示，学生不仅可以学习到红树林湿地相关知识、掌握环境探索技能、形成正向的环境态度、做环境保护者或进行探索，在社交和个人发展上也有所收获。

这套课程一经推出，即获得中小学的支持，并吸引省内外自然保护地的关注，成为深圳市自然教育与学校教育合作的特色课程，并成为自然保护地、自然公园开展自然教育的优秀案例。

案例36　鸟儿与深圳湾的约定

红树林基金会

【实施地点】深圳湾公园是位于广东深圳的一个海滨城市公园，北岸地处深圳湾，西近望海路深圳湾大桥西至红树林自然保护区，跨越南山区福田区大部分海岸线。沿滨海大道延伸，占地108.07公顷，东部主要用地是建设滨海大道时的填海地，西部是在香港回归后重新划定海界后在21世纪初后海湾填海形成的填海地。深圳湾公园分滨海休闲带、生态公园两段，以濒危鸟类栖息和红树林闻名。

【策划设计思路】活动面向亲子家庭和成人游

客，让公众了解红树林、滩涂对鸟类的重要作用，了解鸟类的生存环境；让公众对鸟类产生喜爱之情，建立保护鸟类及其栖息地的态度，宣传爱鸟、护鸟；建立公众对深圳湾湿地及东亚－澳大利西亚候鸟迁飞区的认知和情感联结，引领公众持续关注、支持和参与湿地保护。

【组织实施】

1.活动执行

具体活动执行情况见下表。

活动执行具体细节

讲解内容	时长（分钟）	教具
报名：引导介绍深圳湾自然教育中心，以及参与其他中心活动	活动开始之前	帐篷外指引签到，报名表，公众号二维码
开场介绍MCF及观鸟活动	15	
深圳湾地理位置		候鸟迁飞路线图
红树林知识简要讲解		红树特征图片
红树林生态系统讲解		红树林生态系统图
鸟类知识简要讲解		鸟类是如何适应环境的图片2张
鸟类辨识		常见候鸟图片14张
单双筒望远镜使用方法	10	单双筒望远镜
公众观鸟体验		
总结：倡导文明观鸟；呼吁关注并参与其他中心活动；分发折页	3	文明观鸟图卡，公众号二维码，折页
轮岗，清场，准备下场活动	2	

2.观鸟体验

因为深圳湾公园人流量大，第一步的岗位分工尤为重要。义工联负责控制人流；MCF志愿者担任主讲、助教、摄影志愿者，大家各司其职，相互配合。其次就是时间的控制，每一小场时间控制会直接影响公众体验和接下来活动进行。

【活动评价】该活动从2015—2021年，每年候鸟来临之际持续开展，已成为深圳湾公园的传统活动，并拥有大批支持者。低成本参与环境教育活动，让活动生活化、常态化，成为市民出行游览的必备活动。活动并不采取预约报名，而是现场游客都可以直接报名参与，并采用每场30分钟，连续举办4场的形式，在游客获得基本游览体验的同时，扩展活动的服务面，造就了活动的影响力。该活动不仅仅是让游客获得观鸟体验，还强调如何观鸟及与鸟类和谐相处，减少在深圳湾公园投喂、惊扰候鸟的情况。从觉知上提升，从而在情感中逐渐觉醒意识。而这不是一蹴而就的，是在经年累月的长期科普下才能收获成效的。

黄河入海口湿地（胡友文/摄）

案例37　让自然回归湿地

红树林基金会

【实施地点】福田红树林生态公园，详情见案例35。

【策划设计思路】为了让更多的公众参与福田红树林生态公园纪念园的百年科学实验，通过亲身参与生态修复工作，认识到外来入侵植物的影响，了解到生态修复工作的意义，并体会到劳动的乐趣与自豪感，因此计划在纪念园开展“打绿怪”活动，组织公众参与控制外来入侵植物。

【组织实施】

1.活动设计

服务成人或6岁以上的亲子家庭，时长在2～2.5小时。让参与者通过活动了解纪念园面临的外来入侵植物危机，了解纪念园几种主要的入侵植物及其影响，并能辨认出所清理的入侵植物；了解纪念园的生态修复工作及其意义，能说出清理外来入侵植物的意义；学会正确使用工具清理入侵植物，能安全使用工具并完成清理任务；认识到人类行为会对环境产生深远影响，对参与纪念园的生态修复工作产生兴趣及自豪感。

2.活动执行

活动前，与保育伙伴确认当月需清理的入侵物种，进行场地踩点，根据参与人数划定清理区域。准备入侵植物介绍的展示图片，根据入侵物种的清理方式准备清理工具。成人可使用铁锹、锄头、枝剪，儿童可使用小手铲。所有人都需配备劳动手套。准备簸筐或者袋子用于装工具或现场装入侵植物。进行志愿者招募，与志愿者沟通活动事项。具体情况见下表。

实施环节及其内容

实施环节	教学地点及时间	内容要点
课前沟通和准备	边防入口（8:45～9:00）	活动前准备组织签到，介绍厕所位置
开场介绍	边防入口（9:00～9:10）	介绍主讲，欢迎参与者自我介绍、机构介绍，了解大家对活动的期待，简单介绍活动安排
热身及引入	观景塔上（9:10～9:15）	了解生态公园、纪念园的位置与意义，以及生态公园的过去与未来；了解进入纪念园的注意事项
	观景塔旁观察点（9:15～9:30）	了解深圳的外来入侵植物，知道什么是外来入侵植物：白花鬼针草、银合欢、薇甘菊、蟛蜞菊
活动	观景塔下（9:30～9:40）	了解如何清理，需清理植物的辨认方法、清理方式及工具使用示范。发放工具：10岁以上孩子可以使用工具，10岁以下做标记
	清理场地（9:40～10:20）	到达清理场地，清理入侵植物
分享及总结	观景塔下（10:20～10:35）	活动结尾，简单分享与总结合影
评估	观景塔下（10:35～10:40）	填写反馈问卷

活动后进行劳动工具和活动教具整理规置，进行复盘和反馈。

【活动评价】根据评估问卷分析，本活动很好地达成了意识、知识、态度、技能等方面的活动目标，让参与者通过参与公众科学项目，收获了丰富的外来入侵植物知识，掌握了清理外来入侵植物的方法，也体会了在纪念园进行生态修复所做的努力，使参与者更加认同生物多样性的重要性和生态修复工作的重要性。掌握科学的知识和科学的方法，传递科学的信息，将有助于激发更多市民对生物多样性的关注，提高对公众科学项目及生态保护项目的参与度。

案例38 舟山“神话之鸟”慢直播

陈斌[1]

【实施地点】五峙山列岛由大五峙山、小五峙山、龙洞山、馒头山、鸦鹊山、无毛山、老鼠山7个形态各异的岛屿组成，总面积20.6平方千米，滩涂面积1平方千米，海岸线总长5.4千米。其中，龙洞山、馒头山、鸦鹊山3个岛屿每年都吸引数以万计不同的水鸟到此停歇、栖息和繁殖。据有关专家考证，每年到此停歇、栖息和繁殖的水鸟种类有42种1万余只，黄昏时几乎可以遮天，形成千鸟迎宾的景象，场面蔚为壮观，被列为东海四大奇观之一。

【策划设计思路】中华凤头燕鸥属于鸻形目鸥科的一种鸟类，是全球极度濒危物种，国家一级保护野生动物，1863年由德国学者赫尔曼·施勒格尔（Hermann Schlegel）定名。这种鸟类如何求偶？如何孵卵？如何睡觉？我们怎么样才能观察“神话之鸟”的生活习性？为提高人与自然和谐共存的意识，用线上直播+线下科普课的形式让普通游客看到极危物种生活画面。

【组织实施】

1.活动设计

通过线上直播和线下科普让全球在线网友和本地学生掌握中华凤头燕鸥的外形特征和辨识技巧，了解中华凤头燕鸥的栖息环境、取食习惯以及栖息地选择，熟悉鸟类的迁徙，候鸟、留鸟的概念，了解中华凤头燕鸥迁徙途中的威胁因素，能从大凤头燕鸥和中华凤头燕鸥两者中识别出中华凤头燕鸥。

2.活动执行

（1）引入——初识中华凤头燕鸥（5分钟）

[1] 作者单位：舟山市自然资源和规划局。

直播开始前，教师介绍中华凤头燕鸥、大凤头燕鸥，介绍本次活动的主题、合作方；教师展示大凤头燕鸥和中华凤头燕鸥图版，邀请学生辨别本课的主角中华凤头燕鸥，请学生提出几项区别。通过热身互动，学生可初识中华凤头燕鸥，教师可了解学生的知识接受水平。

（2）建构——中华凤头燕鸥的保护故事（25分钟）

教师结合教室内视频直播画面，展示中华凤头燕鸥，介绍在舟山定海五峙山列岛栖息的国家一级保护野生动物——中华凤头燕鸥的形态特征、生活习性和珍稀程度。简要梳理中华凤头燕鸥迁徙面临的威胁，再进一步引导出自然保护地存在的意义和已经开展的一些特色工作。

（3）思考与分享——中华凤头燕鸥和我们的家乡（10分钟）

教师介绍舟山社会各界守护“神话之鸟”的故事。布置课后任务，请学生写自然笔记，并转交给自然保护区，参加保护区官微的展示和评选。

【活动评价】在科普过程中发现，慢直播活动逐渐进入大众视野。截至2022年6月11日，我们的活动直播全网观看量破6千万，是以往任何一个科普活动的覆盖面都无法企及的数字。多个画面同时直播，配合同期的线下科普活动，南海实验小学的学生普遍反映科普效果不错，对本地鸟岛和“神话之鸟”的热情持续高涨。将活动受到科学老师和同学们的热烈欢迎。今后将继续用网站官方微博和自然保护区官方微博等自媒体平台，邀请各媒体进行宣传。

慢直播活动开启，目标是宣传“神话之鸟”中华凤头燕鸥，促进舟山市这一重要湿地生物多样性保护与可持续利用，并通过直播形式+线下科普，构建湿地自然教育重要一环。中华凤头燕鸥目前全球成鸟不足150只，因其数量稀少、行踪神秘被誉为“神话之鸟”，各级宣传力度非常高，舟山市学生对该物种已经形成了亲近感，但尚缺乏深入的了解。因此，该直播活动+线下科普的形式非常适宜浙江沿海区域小学在5~6月开展，具有很强的可复制性。

案例39　中国东方白鹳科考研学活动

单凯[①]

【实施地点】山东黄河三角洲国家级自然保护区于1992年10月由国务院批准建立，是以黄河口新生湿地生态系统和珍稀濒危鸟类为主要保护对象的湿地类型自然保护区，总面积1530平方千米。2013年，黄河三角洲国家级自然保护区被列入《国际重要湿地名录》。

【策划设计思路】让小学生和孩子家长及社会公众通过暑期2~3天的专业科考营，能在野外准确识别东方白鹳，了解它们的分布类型和分布特点；了解东方白鹳与生态环境的关系，深入了解鸟类的基础知识，掌握研究鸟类的科学方法；提高鸟类保护和环保意识，获取丰富的生态知识。

① 作者单位：黄河三角洲国家级自然保护区。

【组织实施】

1.活动设计

东方白鹳野外识别有以下要点：体形大，体长约1米；嘴很长，黑色；脚长，红色；全身白色，但翅外缘黑。飞翔时识别要点：脖子伸直（如果弯呈“S”形，一般是白鹭而不是东方白鹳）；全身白色，翅的外缘是黑色。

2.活动执行

按以下四步骤开展。

步骤1：观察并记录东方白鹳的食物类型。观察正在觅食的东方白鹳，并根据自己的观察记录下食物类型，如鱼类、蛇等。

步骤2：记录东方白鹳的生态环境。将你发现的东方白鹳所处的环境记录下来，如芦苇沼泽、河沟、小水池等。

步骤3：记录东方白鹳的行为。将你正在观看的东方白鹳行为记录下来，如觅食、休息、飞翔、交配、育雏等。

步骤4：记录东方白鹳的数量。每见到东方白鹳，记录它的数量，一定不要重复记录。如果见到繁殖的，也要记录雏鸟的数量。

【活动评价】

通过课程的推广，不断扩大影响力，2019年1月，多家电力公司和市森林公安局共同举办了座谈会，研究制定了“同塔移巢安置法”、改善塔架结构、在塔架安全位置安装人工巢架等多项措施，用科学手段解决保护与供电的矛盾。意识到东方白鹳的保护意义后，电力部门工作思路由“拆巢驱鸟”转变为“守巢护鸟”，并组建了护线爱鸟队，用心守护东方白鹳的“铁塔家园”。

2022年3月28日，山东东营供电公司护线爱鸟队队员惊喜地发现，220千伏海裕线33号铁塔上的5只鸟宝宝全部成功破壳。截至2022年5月，巡检人员已在输电线路铁塔上发现了70多处东方白鹳鸟巢，这些铁塔上诞生的新生命频频登上热搜，成为东营新的城市名片。这次电网向白鹳“妥协”、道路为白鹭“让道”，本身就是一堂生动的自然教育课，“这堂课的受众是全体市民，他们能从中真切地感受到发展理念的转变和政府扭转当前生物多样性丧失趋势的决心。”

山东东营垦利县黄河湿地的东方白鹳（毕建立/摄）

案例40　西太平洋斑海豹同步监测

徐巍巍[1]

【实施地点】大连斑海豹国家级自然保护区位于渤海辽东湾大连市西北20千米的复州湾长兴岛附近，行政区域属辽宁省大连市管辖，面积67.2万公顷，1992年经大连市人民政府批准建立，1997年晋升为国家级自然保护区。主要保护对象为西太平洋斑海豹（以下简称斑海豹）及其生态环境，属野生动物类型的自然保护区。

【策划设计思路】1999年2月，大连发生偷猎100只斑海豹事件，环境保护和野生动物保护界非常关注，笔者给中国生物多样性保护与绿色基金会（以下简称“绿发会”）编写了《自然教育方案》和《斑海豹同步监测的可行性》。通过斑海豹同步监测，初步摸清野生斑海豹的种群数量，并且根据活动结果，把斑海豹从国家二级保护野生动物提升到国家一级保护野生动物。设计公民科学，让亲子家庭参与海洋保育及斑海豹同步监测及其相关的自然教育活动。本活动适合6岁以上的孩童亲子家庭。

【组织实施】

1.活动设计

通过连续的斑海豹同步监测及海洋保育自然

① 作者单位：大连青藤自然学堂。

教育系列活动，让公众初步了解中国野生斑海豹种群数量；促进斑海豹提升为国家一级保护野生动物；用在野外观测斑海豹代替在海洋馆观看海洋哺乳动物表演。通过公民科学同步监测斑海豹，逐渐建立亲子家庭与自然动物的情感联结，让公民科学与自然教育课程相结合，相互促进。

2.活动执行

2019年初，进行了大连、盘锦、盖州、乐亭、蓬莱、烟台、威海海域、瓦房店、长海几个点位的同步监测。组织亲子家庭参加夏天开展的海洋保育的自然教育营期活动。组织亲子家庭参加救助的斑海豹野放活动。组织滨海小学做观测斑海豹、江豚海洋保育的自然营。

2020年，在阿拉善生态基金会的支持下，虽然有新冠肺炎疫情，但依然进行了第二年的斑海豹同步监测。夏天进行了海洋保育的自然营。组织青藤自然学堂的志愿者与国家海洋监测中心做斑海豹同步监测。

2021年，新冠肺炎疫情持续，依然进行了第三年的斑海豹同步监测，并形成论文发表。2021年春，同步斑海豹监测情况。

【活动评价】在活动前期，充分开展了调研和收集资料，且自备相机、望远镜，长时期做监测，2018年带领海洋监测中心持续监测了最大种群的斑海豹。活动过程中宣传的同时重在保持同步监测，配合监测进行相应的自然教育活动，连续3年监测点数据用于论文发表。夏天的海洋保育自然营的自然笔记也被印制成明信片，活动反响良好。

本活动使用公民科学，将真正的科研监测与自然教育结合，用野外斑海豹观测代替海洋馆的动物表演观赏，并且有活动产出，对推动野生斑海豹提级保护，助推斑海豹成为国家一级保护野生动物，具有历史性意义。

案例41　走进海上森林

余振东　袁丽珊[1]

【实施地点】海陵岛红树林国家湿地公园位于广东省阳江市海陵岛神前湾畔，总面积6.08平方千米，以亚热带红树林湿地为风景特征，与老鼠山遥望相映。公园有红树林种类7种，主要是桐花树、白骨壤、秋茄等，还有丰富的动物资源，包括鸟类189种、甲壳动物29种、鱼类25种。2019年12月25日，该湿地公园通过国家林业和草原局2019年试点国家湿地公园验收，正式成为“国家湿地公园”。

【策划设计思路】“走进海上森林”自然教育活动，让珠江三角洲地区中小学生能在活动过程中学习到有关红树林中的生物多样性及其生态系统多重价值的知识，并且认识红树林中的入侵物种及其对红树林生态的破坏性，了解潮汐现象及其规律，以强调保护红树林的重要性，激发参与者对保护红树林的责任感和使命感。

【组织实施】

具体组织实施情况见下表。

① 余振东单位：海陵岛红树林国家湿地公园管护中心。
袁丽珊单位：海陵岛红树林国家湿地公园。

活动框架和内容

活动框架	具体内容	
主题	走进海上森林	
活动目标	1.参与者通过学习认识至少5种红树植物、5种和红树林共同生活的物种； 2.参与者经过学习掌握潮汐自然规律，了解科学赶海知识； 3.增加参与者对红树林保护的责任感和使命感	
物料准备	雨靴、放大镜、草帽、讲解器、知识小卡片	
活动流程	准备阶段	破冰游戏：宝物猜猜猜。参与者围成圆圈闭上眼睛，导师在每个人背后的双手放上红树林中找到的“宝物”，通过触摸后，参与者分别描述宝物的形状、质感与特征，通过描述找到拥有共同特质的自然伙伴
	活动安排	1.红树林守护者：互花米草治理修复项目。在自然教育专家详细的讲解下，充分了解、认识红树林生态系统多重价值和入侵物种对红树林生态的破坏。讲解后，参与者现场一起开展红树林群落互花米草防治项目，清除入侵物种互花米草
		2.种红树、助生态：引导活动参与者到公园“练苗区”，详细介绍种植红树的步骤，对红树如何运输、炼苗、移植、日常养护等方面进行详细解说，再带领参与者进行红树复苗种植行动，指导正确种植步骤、如何固苗及种植注意细节，由参与者带着认知化身海洋生态守卫者，为海洋生态保护献上一份力
		3.红树林寻宝：沿着跨海木栈道往海滩方向走去，参与者可以挽起袖子、穿上雨靴、带上放大镜，尽情去探索红树林的奥妙。在这个活动中，参与者可以了解潮汐、涨潮、退潮的知识，学习科学赶海。栈道周围可以看到红树林丰富的动植物资源，白骨壤、秋茄、桐花树、红海榄等红树植物随处可见，还有跳跳鱼、招潮蟹、海草、小蛤蜊、牡蛎等，让参与者一起探索大自然的“宝物”，怀着好奇心一起研究
总结评估	道具整理	清洁雨靴、归还道具
	总结交流	轮流发言，描述今天学到的红树林品种及其在红树林中所见所闻。自然导师拿出红树林中常见的生物种类卡牌，考考参与者是否认识

案例42　聆听淇澳岛红树林的故事

李梅　朱丽莎①

【实施地点】广东珠海淇澳－担杆岛省级自然保护区前身为1989年11月经广东省人民政府批准建立的珠海担杆岛猕猴省级自然保护区。2004年

① 李梅单位：珠海淇澳－担杆岛省级自然保护区。
朱丽莎单位：珠海广播电视台。

11月，广东省人民政府批准同意将珠海担杆岛猕猴省级自然保护区和珠海淇澳岛红树林市级自然保护区合并，建立“广东珠海淇澳-担杆岛省级自然保护区”。广东珠海淇澳-担杆岛省级自然保护区，是中国为数不多的集森林、野生动植物和湿地生态系统于一体的综合类型的自然保护区，总面积为7373.77公顷；主要保护对象为红树林湿地、猕猴、鸟类及海岛生态环境，是研究湿地生态系统、候鸟以及猕猴原生地和发展史的重要基地。

【策划设计思路】利用广播电视台声音传播的特殊性，以聆听自然音乐为主线，和广播电视台主持人一起用问答和讲故事的方式展开。通过培训、考核和实践，让更多的人从专业领域了解淇澳岛红树林出众的自然禀赋，了解保护区为自然教育和科学普及所做的工作，意识到保护好红树林里的生物群落，必须尊重各物种的生存空间，做到不破坏、不侵犯、不干扰；意识到人人都有护卫家门口的红树林的责任，应更多地走进大自然，聆听红树林里自然之声，人人都可以成为自然代言人。吸引广大公众走进保护区，亲近自然、了解自然、学习自然，进而加入保护红树林的行列中来。

【组织实施】需要提前准备相关的音乐材料，选取适合匹配的音乐资料，以自然之声应和。和电台主播做好前期沟通，列举对话的大纲，做到切合主题，归纳自己在志愿者学习培训和导赏实践中的体会和感悟，向大家传播红树林的故事。

以讲红树为什么不是红色的为例。

苏东坡有诗云：

“贪看白鹭横秋浦，

不觉青林没晚潮。”

从字面意思来看，这句话表达的是青葱的树林被淹没在晚间的潮水中。但从一般的生活经验出发，人们很难理解为什么树能每日被潮水淹没而不死不烂，因此文学研究者们认为这可能是一种隐喻，是晚年苏轼背井离乡悲怅心境的写照。

但同样的文本，植物学家们却提出了截然不同的看法。苏轼当时被贬之地是海南，那里的沿海地带生长着一种极为特殊的、可以被潮水淹没而不死的植物。东坡先生当年可能并没有用什么隐喻，而只是用诗句把自己的亲眼所见写了下来。东坡先生的记录无意间成为了中国南方植物多样性研究的一个文献突破口，那就是泡在海水里生长的红树依然是“青林”，为什么不是红色的呢?

用刀切开树皮的时候，你就明白了。红树科植物的树皮内含有丰富的单宁，该物质无色透明，遇空气容易被氧化，形成醌或者和其他化合物形成复杂的酚类物质，呈现出红褐色。葡萄酒呈现的红色，也是因为葡萄皮中单宁成分存在的缘故。

【活动结果】“聆听淇澳岛红树林的故事”在珠海广播电视台交通875频道“带上音乐去旅行”栏目一共做了3期，第一期在2020年11月23日播出后，得到听众们的认可和支持并收到良好的反馈。志愿者可以宣讲自然科普知识，激发更多的人对自然科学的兴趣，让更多的人关注、参与自然科普活动。

【活动评价】广播电视台受众面广，黄金时段的听众乐享身边大自然的故事；利用音乐类热播频道，用音乐元素做引导，红树林的故事和大自然疗愈系的音乐交互作用，使讲述的方式更容易被民众接纳；传播更直接更迅速，当时正值广东省森林文化宣传周，保护区有观鸟及夜观红树林活动安排，在节目中提及后，听众积极响应，踊跃报名参加活动。

案例43　金山美丽海湾生态之旅——鹦鹉洲·飞翔记

陈雪初　武丹丹[①]

【实施地点】鹦鹉洲生态湿地毗邻AAAAA级景点上海金山城市沙滩，总面积为23.2万平方米，为2016年启动的“上海市金山城市沙滩西侧综合整治及修复工程”建设成果，也是长江三角洲河口湿地生态系统教育部（上海市）野外科学观测研究站的核心分站。

该湿地于2017年底开始免费向市民开放，成为当地市民感受湿地、亲近海洋的滨海生态空间。运行5年多来，湿地内观测并记录到100多种野生鸟类，其中有国家一级保护野生动物黄胸鹀，国家二级保护野生动物震旦鸦雀、水雉、鸳鸯、红隼、燕隼、鹗等。

【策划设计思路】绿魔方大学生自然科普公益团队为“鹦鹉洲·飞翔记”活动精心研发了沉浸式自然教育课程，包含“飞翔的秘密”“小小湿地规

① 陈雪初单位：华东师范大学（教授）。
武丹丹：一级科学教师（科学）。

划师”“飞越地平线”“鸟类开心辞典”等单元，希望小朋友们能通过有趣的讲解和活动，揭示鸟类飞行的奥秘；通过学习使用无人机，以第一视角观察鹦鹉洲生态湿地，理解滨海岸线作为生态家园对于本地物种的重要性；通过寻觅鸟类行踪，辨识鸟类，感悟蕴含于鹦鹉洲的人与自然和谐共生之道。

【组织实施】

1.活动设计

面向20组上海市8～13岁亲子家庭，开展195分钟的科普教育活动。通过以下环节激发公众探索大自然的兴趣、养成细致观察的探究习惯、培养合作精神、增强保护湿地环境和生物多样性的意识、感悟蕴含于鹦鹉洲的人与自然和谐共生之道。

“飞翔的秘密”通过视频和互动，认识鸟类对飞翔生活的适应性特征。“小小湿地规划师”通过学习无人机操作完成湿地地图，体验无人机在湿地规划上的大用处。“寻找飞鸟和鱼及观鸟”根据设计路线寻找湿地中的鸟类和鱼类展牌，感受湿地的魅力和环境。“飞跃地平线”通过佩戴虚拟现实（VR）飞行眼镜观察生态湿地，体验真实的鸟类视觉角度。“鸟类开心辞典”通过进行鸟类知识问答比赛，以小组合作形式回顾前期主题知识，更深刻地体验人与自然和谐共生之道。

本活动可以让参与者认识到大自然可以激发灵感和创意，以自然为师，与自然为友，构建生命共同体；了解到湿地为濒危、珍稀和特有生物物种提供了栖息地，保护和恢复重要生物资源以及增强生物多样性对促进人与自然和谐共生具有重要作用；体会到保护湿地、爱护环境是人类共同的责任。

具体活动见表1。

表1 活动安排表

时间	活动安排
13:00～13:30	主题："飞翔的秘密"
	1. 鸟类的独门秘诀：趣味介绍鸟类对飞翔生活的适应性特征； 2. 飞翔姿态大揭秘：结合视频和互动分析各飞翔姿态的作用
13:30～15:00	主题："小小湿地规划师"
	1.我们是小小飞手：现场教学，学会无人机操作； 2. 无人机用处大：小组合作完成地图，感受无人机侦查、拍照的大用处
	主题："寻找飞鸟和鱼及观鸟"
	1. 根据地图和生境知识卡，自主设计路线，寻找藏在湿地中的鸟类、鱼类展牌； 2. 登观鸟塔，寻找鸟类灵动身影，将金山美丽海湾尽收眼底
15:00～15:45	主题："飞跃地平线"
	1. 佩戴VR飞行眼镜以第一视角进行操控； 2. 体验像鸟类一样翱翔天际，俯瞰鹦鹉洲生态湿地
15:45～16:15	主题："鸟类开心辞典"
	1. 鸟类知识问答比赛，总结"飞翔的秘密"与"寻找飞鸟和鱼"环节内容； 2. 采取抢答积分赛制，小组合作闯关

2. 活动执行

前期准备：前期需准备的材料和设备见表2。

表2 活动所需材料与设备

板块	名录	单位	数量
活动材料	鸟类贴纸	张	40
	鸟类钥匙扣	个	40
	棉线	包	1
	印章	个	10
	鸟类、鱼类展板制作	份	10
	鸟类明信片	张	40
	"小小湿地规划师"闯关活动卡2	张	20
	"寻找飞鸟和鱼及观鸟"闯关活动卡1	张	20
	反光贴	包	4
	姓名贴	包	1
课程设备	投影设备	个	1
	扩音设备	个	1
	翻页笔	个	1
	课程幻灯片	份	1

【组织实施】第一个环节“飞翔的秘密”，通过“飞翔姿态”的情景想象与纪录片逐步启发小朋友们了解鸟类适应飞翔的独特身体构造，还通过模仿不同生态型的鸟儿起飞姿势加深了小朋友们对“飞翔的秘密”的理解，知道结构与功能相适应的生物学观点，体现了寓教于乐的绿魔方自然教育理念。

第二个环节“小小湿地规划师”与“寻找飞鸟和鱼及观鸟”同时分组进行，“小小湿地规划师”活动指导小朋友操作无人机，并引导小朋友应用无人机完成湿地地图信息填写，了解生态修复的意义，知道鹦鹉洲是兼具生态功能、水质修复功能和景观功能的复合生态湿地，认识无人机在生态观测中的重要作用。

“寻找飞鸟和鱼”活动让小朋友们深入鹦鹉洲湿地，在芦苇摇曳、流水声声的自然景色中寻找隐藏于其中的动物科普展牌并完成打卡，了解湿地鸟类、鱼类等湿地生物的种类和特征，知道生物与环境相适应的生物学观点。

“观鸟”是为小朋友准备的“彩蛋”，利用望远镜欣赏远处的金山三岛（大金山岛、小金山岛、浮山岛）风景，捕捉悠闲自得的鸟类身影。

第三个环节“飞跃地平线”，是让小朋友们体验像鸟儿一样飞翔的时刻。戴上VR眼镜，与无人机融为一体，在空中自由飞翔，俯瞰鹦鹉洲，感悟科技的发展，感受湿地之美。

第四个环节“鸟类开心辞典”，结合所学知识以小组为单位进行问答，加深对本次活动所收获的新知识的理解。

【活动评价】绿魔方组织了回访，问卷调查结果显示，来自上海市各区的亲子家庭在活动中能体验到活动的乐趣，学到丰富的知识，培养浓厚的兴趣，愿意推荐更多的家庭参加系列科普活动。通过“金山美丽海湾生态之旅——鹦鹉洲·飞翔记”活动，更多的家长和小朋友愿意加入鸟类观察小组，定期开展观鸟活动，在快乐实践的过程中培养与大自然的亲密关系，通过自身经验以及与周围环境的互动来构建知识、培养习惯、升华情感。

案例44　闽江河口湿地国家级自然保护区自然教育活动

沈世奇[1]

【实施地点】福建闽江河口湿地国家级自然保护区坐落于福州市的长乐区和马尾区境内，位于长乐区东北部和马尾区东南部交界处闽江入海口区域。保护区总面积2260公顷。福建闽江河口湿地国家级自然保护区主要保护对象为重点滨海湿地生态系统、众多濒危动物物种和丰富的水鸟资源，属海洋与海岸生态系统类型（湿地类型）自然保护区。

【策划设计思路】通过对湿地的实际走访，从湿地类型入手，让学生从专业的视角初步认识湿地，了解湿地的定义及湿地类型的划分；树立正确的湿地认知观，了解保护区的保护工作，从而达到“了解自然，保护自然”的目的。本活动属于300～500人的在校学生到保护区开展的自然教育研学活动，完全不同于20～50人的小规模的自然教育活动，将为未来大体量中小学生走进保护区开展自然教育提供重要思路。

【活动组织实施】

1.活动设计

为7～9年级中学生提供3小时自然体验活动，达到下图所示目标。

① 作者单位：福建省博衍教育咨询有限公司。

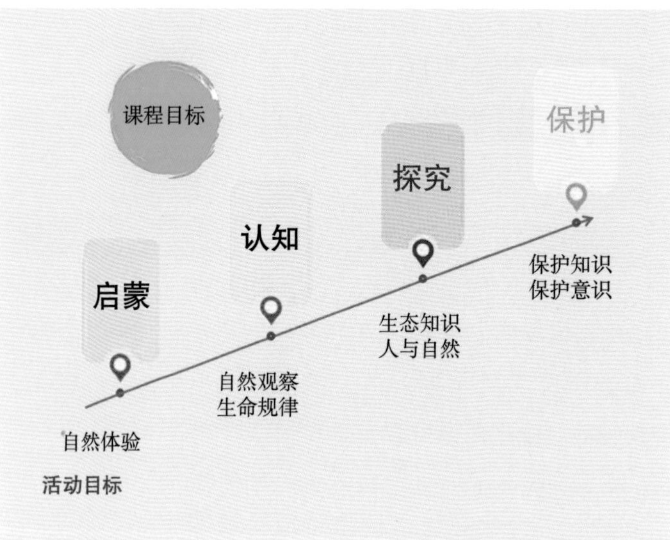

本活动通过实地参与达到更直观的教育目的，采用整体概述+专业指导+亲身体验+交流互动+成果展示的模式。活动内容包括从保护区的整体概况开始，初步走访了解湿地的情况；学习湿地类型划分，从专业的视角认识湿地；认识秋茄物种，增加学习的趣味性；用单筒望远镜野外观鸟，感受湿地生物多样性；交流互动，充分利用《湿地初识研学手册》，自我学习与合作学习相结合；制作自然笔记，以图文并茂的形式展示学习成果。

2.活动执行

具体活动执行见下表。

活动环节与课程详情

环节	课程执行与目的
物资准备	物资：对讲机、背包、马夹、工作牌、麦克风、急救包、应急水（2瓶）、应急纸巾、救生绳、袖标、《湿地初识研学手册》、单筒望远镜
人员准备	1.主领队在公园主入口等待参营队伍； 2.主领队准备带领队伍进入保护区

（续）

环节	课程执行与目的
抵达集合	1. 主领队讲解《保护区出行注意事项》； 2. 分发《湿地初识研学手册》； 3. 带队出发前往保护区
课程一：闽江河口湿地概况	1. 讲述闽江河口湿地保护区的地理位置的重要性； 2. 介绍保护区生物多样性； 3. 介绍保护区的重点保护物种
	目的：展示保护区的生物多样性，引发学生探索的兴趣与热情
课程二：物种学习——认识秋茄	1. 学习：红树植物的特点与种群介绍； 2. 互动：根据学习内容，现场寻找红树植物； 3. 学习：本地红树植物——秋茄； 4. 互动：现场观察秋茄与湿地生物的关系； 5. 引导：观察湿地各区域之间的差异，为下一环节湿地类型做好学习铺垫
	目的：从单一物种入手进行教学，逐步建立湿地概念，有效避免学习的枯燥乏味，培养学生用专业的视角看湿地
课程三：湿地类型	1. 学习："湿地"定义与解析，湿地的特点与功能； 2. 理解：湿地是"地球之肾"； 3. 互动：运用《湿地初识研学手册》内专业的湿地划分，现场自我学习与合作了解湿地知识； 4. 整理：收集与整理自然笔记素材，并做好笔记，为最后环节——自然笔记做好创作准备
	目的：培养学生正确地看待大自然，使他们树立"了解自然，保护自然"必须用科学方法的意识
课程四：单筒望远镜体验	1. 学习：学习使用专业设备观察湿地； 2. 体验：对湿地的动植物进行细节观察； 3. 记录：对所观察到的动植物以图文并茂的形式进行记录
	目的：通过对专业器材使用的讲解，使学生体验保护区的工作，增强学习趣味性，进一步感受湿地的魅力
课程五：研学成果——自然笔记创作	1. 回顾：回顾课程闽江河口湿地概况、物种学习——认识秋茄、湿地类型、单筒望远镜体验； 2. 互动：导师引导学生表达对湿地的所看、所思、所得； 3. 创作：学生进行自然笔记创作，将所看、所思、所得以图文并茂的形式展示于绘画纸上
	目的：让自然教育深入学生思想，达到启蒙+认知+探究+保护的教学目的，引领学生走向科学地认识与保护自然之路

【活动评价】活动成果之一《百鸟和鸣，万物迎新——鸟类眼中的生态福建》在央视频、环球网、直播中国等40多家全国媒体上同步直播，当天观看人次超1000万。本活动走进保护区，揭开保护区神秘面纱，与最原生态的大自然进行零距离接触，用通俗易懂的讲解科普专业的自然知识，用实地考察学习的内容进行现场自然笔记创作，从而激发学生的学习兴趣，深入了解保护区的保护工作，以切身体验的方式培养学生社会责任感。

案例45 米埔城市湿地保育与公众参与

梁恩铭[1]

【实施地点】米埔自然保护区是香港最重要的自然保护区，1995年被列为“国际重要湿地”，未经许可，禁止进入。在此保护区内，飞禽走兽可自由活动，其中大部分种类都是极为罕见的。曾记录的鸟种类超过300种，还有大量不同种类的昆虫。

【策划设计思路】1984年，米埔内后海湾公园380公顷的湿地被划为自然保护区，由香港政府委托世界自然基金会香港分会（WWF Hong Kong）进行管理，让华南地区硕果仅存的潮间带传统养殖虾塘（基围）能保留下来，并向公众展示善用湿地

① 作者单位：世界自然基金会（WWF）香港分会。

的案例。自米埔自然保护区成立以来，这片湿地就成为一个理想的自然教育基地，也是让公众了解湿地保护知识的中心，提高了公众的保育意识。

【组织实施】

1.活动设计

教育和提高公众保育意识，是米埔自然保护区五大目标之一，我们一直相信公众的积极参与对于保育工作将带来积极而正面的作用。为此，米埔自然保护区在WWF香港分会的管理和推动下，以多样化和本土化为经验，进行公众自然教育工作。

主要从5个方面进行公众保育工作的开展：①One Planet School米埔学校教育项目；②One Planet Youth科学青年计划；③米埔公众导赏团；④年度主题活动；⑤线上教育推广。

2.活动执行

（1）One Planet School米埔学校教育项目。为小学生主要提供了3个教育项目："湿地小侦探""小鸟的故事""米埔小世界"。为中学生提供了6个主题教育项目："湿地解构之旅""湿地保育全接触""探索生物多样性""湿地生态学家""红树林生态""后海湾规划师"。

（2）One Planet Youth科学青年计划。科学青年计划是在课堂之外，经过专业培训后的年轻人，发挥年轻人的热情和能力，在米埔自然保护区及其他地区进行各种科学调查，包括鸟类调查、哺乳动物调查、昆虫调查、水质检测等。该计划使得米埔生物多样性的数据不断更新，为保育管理工作提供了重要的研究基础。

（3）米埔公众导赏团。WWF香港除了在针对学生提供各种项目活动之外，也积极倡导社会大众的参与，包括全年为社会大众提供的“米埔自然游”，和每个季度开展的“基围虾时光之旅”“午夜历奇”“跟着雀仔去旅行”等活动。

（4）年度主题活动。WWF香港每年都会举办年度的“步走大自然”和“香港观鸟大赛”等活动，通过这些活动让大家对米埔湿地保护区有一个更加立体的认识。

（5）线上教育推广。随着近些年互联网的普及，WWF香港也上线了“线上米埔游览”活动，同时制作大量的保育教育相关视频、图片、以及撰写相关文字发布在互联网社交平台上，让大众可以更便捷的接触和观赏米埔自然保护区，也更好的与大众进行了连接。

【活动评价】WWF香港通过一系列的湿地保育工作和活动，让中小学师生深入米埔自然保护区，切身体验自然环境，师生可以认识到：什么是自然保护区、它的生物多样性、它对野生生物及人类的贡献、它所面临的威胁和它在湿地保护中显示的重要意义。通过年度的大型活动不仅让公众认识到湿地与我们日常生活息息相关，更重要的是逐步树立了公众环境保护、湿地保护的意识，让大家认识到湿地保育不仅是专业人士的事，而是我们每个人的“工作”。

案例46　红树讲堂

胡柳柳　石俊慧　杨琼[1]

【实施地点】福田红树林自然保护区1984年正式创建，1988年定为国家级自然保护区。保护区面积368公顷，其中天然红树林70公顷，有红树科植物22种、鸟类189种，其中有23种为国家保护的珍稀濒危鸟类。保护区已有观鸟亭（约2公顷）和小沙河口生态公园（约19公顷）可供生态环境保护教育使用。福田红树林自然保护区已被命名为深圳市环境教育基地。

【策划设计思路】为了让深圳的市民和学生对红树林湿地生态系统有更加直观全面的认识，设计了2~2.5小时的红树讲堂。通过红树讲堂，参与者可以学习掌握红树植物和候鸟的相关知识，了解保护区建立的意义，进而激发起了解深圳本地湿地资源的兴趣，提升公众热爱自然、尊重自然、珍惜野生动植物资源的意识，从而自发参与到湿地保护行动中来。

【组织实施】

1.前期准备

教学PPT、保护区宣传片、望远镜、自然观察任务卡、红树植物展板、候鸟展板及照片、画笔、涂鸦画布。

2.活动过程

主题讲座在管理局自然教室举办，讲座时长一

① 作者单位：广东内伶仃福田国家级自然保护区管理局。

般为45分钟至1个小时。讲座开始前会播放保护区和候鸟的宣传片，让大家对保护区和红树林生态系统有初步的了解，之后讲座正式开始。结束后，讲座嘉宾和现场市民互动交流，回答问题，分享各自的感受和想法。室内讲座结束后，市民进入保护区，探秘红树林，并开展形式多样的自然体验活动，包括但不限于自然观察、自然笔记、童诗创作，文学作品创作、观鸟等。

专题讲座在学校礼堂或体育馆举行举办，由学校组织学生到相应地点参加。讲座时长一般为1个小时，讲座内容包括红树林和候鸟。讲解结束后，讲座嘉宾和现场的同学互动交流，回答问题，引导学生思考如何保护自然，保护野生动物等。讲座结束后，组织学生开展各种活动，如大型涂鸦活动，学生仔细观察展板上形态各异的红树及候鸟，或者将自己曾经在红树林里见到的各种景象画下来，制作自然笔记；或者参观保护区摄影志愿者拍摄的精彩鸟类图片展览。

【活动评价】每次活动开始和结束，都会在官方微信公众号发布讲座内容和招募信息，并回顾本期内容，树立活动品牌，扩大活动影响力。通过媒体、自媒体、参与者等的转发，使更多人了解保护区和红树林，达到宣传推广的目的。目前，已在深圳福田、宝安、龙岗和大鹏等区开展多场进校园活动。通过对开展红树讲堂进校园活动的学校进行回访发现，活动受到学校师生的普遍欢迎，陆续有学校组织学生到保护区参观学习。

通过红树讲堂和红树讲堂进校园活动，保护区管理局与深圳市华新小学正式签订自然教育合作协议；福田红树林走进华新小学参加“绿韵笔架、诗意市场”绿色集市，绿色校本课程建设交流活动；红树知识科普展板进入华新小学二楼教室的长廊上，帮助同学们加深对红树林的认识，激发同学们探索大自然的好奇心与热情；华新小学的童诗创作课程进入保护区，有越来越多华新小学的同学走进红树林，接受绿色教育，采风、写诗、观鸟，健康成长。

红树讲堂系列活动采用理论结合实践的形式，将科普内容从书本搬到了现实，可操作性强，形式灵活多样，不受场地限制，还可与学校多个学科教育相结合开展跨学科教育活动，具有一定的示范性，其他湿地可根据自身的特色资源和需求参考实施，开展此类活动。

（吴立为/摄）

在璀璨的人工湿地中
感受文明的悠远

人与自然——湿地自然教育

一、人工湿地概述

（一）人工湿地定义

人工湿地是人类利用自然的一种表现形式，包括用于生产生活的水田、盐田，调控水资源的水库、水渠以及消除污染的人工水生态系统。总体而言，人工湿地是一种为了某种目的以人工手段改造或建造的湿地类型。

（二）人工湿地分类

《湿地公约》将湿地划分为自然湿地和人工湿地，自然湿地包括滨海湿地、河流湿地、湖泊湿地和沼泽湿地四大类，人工湿地包括水稻田、水产池塘、水塘、灌溉地、农用洪泛湿地、蓄水区、运河、排水渠和地下输水系统等。我国将人工湿地分为水稻田湿地、库塘湿地、水产养殖湿地、运河/输水湿地和盐田湿地。

（三）人工湿地现状

人工湿地是我国湿地资源的重要类型，面积约占全国湿地面积的12.63%，在生产生活中发挥着重要的作用，有着悠久的历史。在传统发展模式下，人工湿地基于初始的经济目标，常忽视其生态属性和系统联系，比如，忽视水利枢纽工程的生态流量、忽视集约化生产带来的生态承载力不足和环境污染、忽视河道疏水过程的水土交换功能等。随着对湿地资源的逐步认识，人们越发重视人工湿地的生态属性，也开展了系列生态修复工程。与此同时，利用湿地生态系统的污染消纳以及湿地的景观娱乐功能，营造和恢复重要城市湿地也成为人工湿地的重要发展方向。

二、人工湿地自然教育资源分析

从自然教育资源角度来看，人工湿地是在原有地形地貌、水文资源等自然资源基础上，合理地结合人工手段，创造出一种规模跨度大、分布范围广、互动性强，且具有生态和社会服务功能的人工、半人工系统，具有独特的自然资源、社会文化和地理空间，不仅可以成为公众青睐的生态游憩场地，也是公众进行自然教育的最佳场所。参考《旅游资源分类、调查与评价》（GB/T 18972-2017），笔者把人工湿地的自然教育资源分成了两大部分：自然资源与文化资源，并根据自然教育的特点，设计不同类型的课程，开展丰富多样的活动。

（一）人工湿地自然资源

总体上，可以将人工湿地的自然资源分为环境资源和生物资源。环境资源包括地质地貌资源、水文气候资源、土壤资源以及人工景观和构筑物等。生物资源包括动物资源、植物资源和生态系统资源等。人工湿地由于其人工控制属性，相较于自然湿地，缺失了部分大自然的鬼斧神工，但也保留了典型的水体、水陆交界和陆地资源，是丰富的自然教育载体。

（二）人工湿地文化资源

在上千年的历史中，许多人工湿地本身就是我国古代劳动人民智慧的结晶。人工湿地体现了人们利用自然、改造自然、敬畏自然以及与自然和谐共生的过程。人工湿地种类及内涵丰富，在与人们密切的相互作用中，更体现了文化和历史的变迁，具有历史事件的印记。文化资源是人工湿地的特殊属性，可以根据不同的场景深入挖掘，形成特色的自然教育课程。

人工湿地不仅是宝贵的教育资源，也是环境保护的重要媒介，为公众提供接触自然的窗口，为教育工作者提供生动的素材，为管理人员提供丰富的生态文明建设内涵和更深入的生态保护方法。借助湿地水陆交接的边缘效应，多样的生物资源为公众提供了认识湿地动植物和水环境保护的生动案例；借助人类与湿地共生的发展史，让公众了解水资源利用与农耕文明发展，感受古人的智慧和文化的传承；借助广布的人工湿地资源，探索湿地教育的渠道，深化教育目标，形成由点及面、线上与线下，或者深度参与城市生态保护决策的教育形式；借助特殊湿地资源，渗透自然保护观念，围绕湿地保护与重建，探索绿色发展途径，打造生态产业，实现可持续发展目标。

三、案例分享

案例47 “小小法布尔”深圳园博园湿地自然教育活动

红树林基金会

【实施地点】深圳园博园的全称是“深圳国际园林花卉博览园”，是第五届中国国际园林花卉博览会的会址，位于深圳福田区华侨城东侧的黄牛垅，其规划建设得到了园林界人士的普遍赞誉。园博园占地66公顷，园区总体规划本着“人与天调、天人共荣”的理念，利用原址自然地貌，营造出一个依山傍水、自然优美的总体环境，是深圳最大型的公园之一。

【策划设计思路】利用园博园小型湿地，培养参与者对自然观察的兴趣，简单了解自然观察及记录方法，了解城市小型湿地的生物多样性，同时培育参与者对生态保护的认同。

【课程设计】

1. 活动对象

6~12岁青少年。

2. 活动时长

120分钟。

3. 知识点

科学命名法，夜间观察的原因，园博园常见夜观物种。

4.意识和理念

湿地对于生物多样性的意义：小小的湿地也有丰富多样的物种生活在其中。

5.技能和能力

自然观察方法和记录方法，夜观须遵守的行为规则。

6.情感、态度和价值观

体会到自然观察是一件有趣的事，愿意成为生态小勇士保护环境。

【活动内容】选择园博园人流较少但环境多样的宝安田园附近的池塘及水渠作为观察地点。

120分钟的总时长划分为3个主要环节。

（1）开场。20分钟，主要说明夜观的原因、方法和活动行为规则。

（2）观察。70分钟，主要让参与者实践自然观察的方法、技巧和体验自然观察的乐趣。

（3）结束。30分钟，以小组分享的方式，对活动进行总结；颁发小勇士证书；鼓励参与者走进身边自然，利用学习到的方法进行持续的自然观察。

【组织实施】

1.前期准备

准备活动过程中需要的资料和设备等，如手电筒、先期设计的记录单、观察表、垫板、常见动植物卡、助教和参与者身份牌、小勇士证书以及望远镜等。

2.活动过程

①活动前的踩点。

②讲解规则和小组分工。夜观对动植物的夜间活动会有一定的干扰和影响，需要让参与者学习如何将影响降至最低。小组分工中特别设置了“灯光师”将夜观规则直接拆解为具体执行方法，有效执行环境友好的夜观行为。遵守环境友好的夜观行动不仅可以保证活动有序开展，还可以保证保护自然最生动的体验，是活动目标及效果的检验标准。主讲与助教搭配，各有分工，既推进活动开展，又兼顾夜间安全。

3.总结评价

活动总结以小组分享的方式进行，回顾所学观察方法、交流自然观察的心得感受和体验。

【活动评价】

（1）本课程以青少年喜欢的昆虫学家法布尔命名，提升参与者对课程的兴趣和成为“小小法布尔”的自豪感与荣誉感，增强课程吸引力。

夜间观察（红树林基金会/供）

（2）以科学命名法规则为入手点，创新命名方式，激励参与者在活动中仔细观察动植物主要特征。

（3）特别强调夜观行为规范，课程老师亲身示范，培养参与者健康的自然观和正确对待自然的态度。

（4）记录单的设计紧扣活动主旨，重在让参与者了解所观察动植物的特征和与环境的关系，突出小小湿地对生命的支持作用。

（5）重视对引导员的培训，整个活动注重引导而非知识灌输、注重团队分享而非导师讲解、注重参与者的观察与感受而不陷于僵化的物种分类。

（6）活动结束颁发小勇士证书，以具有仪式感和承诺的方式，强化参与的青少年在整个活动中所建立的生态观，以指导其未来生活行为。

案例48　中国科学院武汉植物园湿地自然教育活动

刘洋　支永威　程嘉宝[①]

【实施地点】中国科学院武汉植物园（简称“武汉植物园”）于1958年正式成立，是集科学研究、物种保育和科普开放为一体的综合性科研机构，是我国三大核心科学植物园之一，包含光谷、

① 作者单位：中国科学院武汉植物园。

磨山、中–非联合研究中心肯尼亚园区，江夏、新洲两个基地及多个野外观测台站。为进一步发挥高端科研资源优势，武汉植物园科普开放中心积极推动科研与科普工作的结合，以“高端科研资源科普化”的方式，将优势学科和前沿科技成果转化为科普课程等科普资源，通过高端科研资源进校园、进实验室的“双进”模式，落实国家“双减”政策，助力青少年科学素质提升。

【策划设计思路】武汉植物园科普开放中心“自然+”研学团队与水生植物生物学实验室联手打造的“水生植物的生存之道”课程走进郑州某高中。通过线上、线下相结合的方式，面向高中生开展研究性学习的科研课题项目，传播科学知识、传递科学家精神，培养青少年科学兴趣、科研能力和创新素养。

以开展“水生植物的生长与繁殖课程探究——科学家指导学生科研课题”为例，通过认识常见的水生植物，学习水生植物对水环境的适应性进化的理论知识。通过对水生植物生长和繁殖的相关实验，加深对植物光合作用原理和水生植物繁殖特性的理解，更好地认识水生植物，了解水生植物对生态系统恢复与重建的重要性。与此同时，锻炼学生实验动手能力，培养科学素养，形成科学的思维方式和良好的科学探究习惯。

【活动设计】

1.活动对象

高一学生。

2.活动时长

11课时，45分钟/每课时。

【活动内容】“水生植物的生存之道”系列课程，设置包含室外讲解、微观观察水生植物、沉水植物无机碳利用策略、水生植物的分类方法和生态功能介绍、沉水植物的叶片极化实验、蔗糖诱导植物叶片变红的机制探究实验、不同营养浓度下水陆植物断枝不定根无性繁殖实验等，每节主题课程设置2～4个课时。

区别于传统讲座模式，本次课程在武汉植物园及实验室内进行直播，打造具有沉浸感、场景化、科学性为一体的在线直播课。课间设置科学成果或科学家等元素的融入，引导学生自主探究发现问题，并设置开放性问题进行互动。

【活动执行】

1.前期准备

依托武汉植物园丰富的水生植物资源以及专业的科普教育团队，设计课程内容、确定授课老师、时间等；联系对口学校，明确教学对象；协调所需资料、实验器材等。

2.活动过程

课程根据植物的生长和繁殖分为课程概论、水生植物的光合作用和水生植物的繁殖3个部分，通过基础理论知识的学习和实验实践两部分同步进行，实验实践课程分小组合作开展。

第一课：认识常见的水生植物，初步了解水生植物的生长与繁殖及与陆生植物的异同，激发同学们的学习兴趣。

第二课：讲解水生植物的基础理论，及水生植物在显微镜下的微观结构，带领同学们进一步学习水生植物的分类，掌握水生植物的结构特点。

第三课：介绍课程整体设计，科普性质课程结束后将进入实验探究课程。

第四课：理论课——从沉水植物无机碳利用策略讲解水生植物的光合作用。

第五课：实验课——通过琼脂糖染色实验观察沉水植物利用HCO_3^-进行光合作用极性现象的产生过程。

第六课：理论课——通过进化树了解植物进化和分化的过程，介绍水生植物的分类方法，了解植物体内叶绿素和花青素的作用。

第七课：实验课——蔗糖诱导植物叶片变红的机制探究。

第八课：理论课——通过对水生植物断枝无性繁殖实验，加深对水生植物繁殖特性的理解，同时了解水生植物对生态系统恢复与重建的重要性。

第九课：实验课——不同营养浓度下水陆植物断枝不定根无性繁殖实验，比较不同营养浓度下水陆植物断枝的植物性状，如不定根长度和数目，深入了解植物是如何响应不同的营养环境的。

第十课：通过学习简单的数据分析，分组合作学习如何展示科学成果。

【活动评价】本课程以高中生为对象，依托武汉植物园丰富的水生植物资源以及专业的科普教育团队，采用线上+线下的灵活授课模式，将科普讲解与实验探究相结合，趣味性与科学性并重，引导学生认识水生植物，了解其生长和繁殖的特点，并让学生们通过实验探究，更深入发掘科学的魅力，最后经过课程汇报的形式使同学们经历从提出问题，到实验探究，再到结果分析，最后进行成果展示的完整的科学探究过程。

学生观察水生植物（程嘉鲁/供）

案例49　广东万绿湖水源地农村人工湿地自然教育活动

吴伟玲　张诚[①]

【实施地点】万绿湖风景区位于广东省河源市东源县境内，其中万绿湖（也称新丰江水库）是东江流域最重要的水源地，向珠江三角洲、港珠澳大湾区约4000万人口提供饮用水源，水质常年保持在国家Ⅰ类地表水标准，水域面积370平方千米，蓄水量约139亿立方米。

万绿湖周边农村社区的水环境治理特别是污水处理，对于水源地的保护具有决定性意义。为保护水源地水环境，保护国际与合作伙伴在东江启动了以农村社区为主体的水环境治理项目"百村计划"，引入资金、技术和管理方法，为村民提供人工湿地搭建、维护、近自然恢复、开展乡村文化体验和自然教育等支持，希望探索出易操作、可复制、易推广的水源地农村社区污水治理方案。

如今，由村民参与建设和管理的这一人工湿地，每天可处理生活污水15～25吨。村民管理小组定期对水质进行检测，结果显示，经过处理后，人工湿地的出水水质基本可以达到一级A类标准。

【策划设计思路】以万绿湖周边修建的村镇人工湿地为场域，开展导览、实验、观测和劳动体验等互动参与式活动，为参与者提供深入认识和体验人工湿地的机会，了解水净化过程，切身感受湿地生态系统为人类提供的服务和价值，提升对湿地和水资源保护的认识和行动力。

【活动设计】

1.知识点

水的循环，水的利用及被污染，污水如何净化，人工湿地净化污水的原理和工艺流程，水体中的常见污染物及其来源，湿地生态系统对水的净

① 作者单位：保护国际基金会（美国）北京代表处。

化功能，人工湿地的管理和维护过程。

2. 意识和理念

健康的湿地生态系统能为人类提供重要的生态服务，湿地生态系统对于水资源保护具有重要意义，我们应更多地去认识湿地、采取行动保护湿地。

3. 技能和能力

初步掌握水质快速检测的方法，认识2～3种湿地植物，了解实施保护湿地和水资源的行为。

4. 情感、态度和价值观

对湿地生态系统产生兴趣，喜爱亲近湿地；认识到湿地的珍贵，产生保护湿地和水资源的行动意愿。

【组织实施】

1. 前期准备

（1）准备教具，包括：剪刀、劳保手套、垃圾篓、打捞网、铲子等劳作工具；大白纸、水彩笔等绘画工具。

人工湿地观察工具包，包括：2个干净的矿泉水瓶，用于采水样；2～3双实验手套；水质快速检测试剂盒，如总磷、化学需氧量（COD）、氨氮等指标的检测盒；水质监测结果记录表；湿地植物观察记录表；专门收集实验废水的小桶等容器。

（2）如果在人工湿地的照料环节正好需要补植湿地植物，则需准备相应的人工湿地水生植物。

2.活动过程

活动主要包括以下几个步骤。

（1）破冰：自我介绍自然名和分组（10分钟）。

（2）引入：共绘水的循环图（15分钟）。

（3）建构：人工湿地导览参观（15分钟）。

（4）实践：水质检测（30分钟）。

（5）人工湿地的生物观察和照料（30分钟）。

（6）回顾和总结（20分钟）。

【活动评价】2020年以来，保护国际基金会联合成都蜀光社区发展能力建设中心、成都城市河流研究会等合作伙伴，在广东万绿湖水源地实施以农村社区为主体的水环境治理项目，支持村民建设村庄人工湿地并开展自然教育活动。在项目的支持下，东源新回龙下洞村人工湿地于2021年4

水质检测（保护国际基金会/供）

月建成并开始发挥污水处理、景观绿地、自然教育等多方面的功能。一年多来，围绕该人工湿地已开展了多次自然教育活动。

从现场效果和课后的学员反馈来看，学员在课程期间的参与度和专注度较高，既掌握了知识，又参与了实践和自主探索，对人工湿地产生了深刻的认识，课程效果非常好。

此课程适合在空间较为开阔、带有一定景观游憩功能的人工湿地场域中开展，推动人们认识这种与生活息息相关的半自然湿地生态系统，更多地关注和保护身边的湿地。此活动融合了湿地植物、微生物、化学等方面的知识点，可与相关学科结合，作为学生的课外实践课程开展。

案例50　成都城市湿地公园自然教育活动

余跃海　高应杰[①]

【实施地点】成都在绕城高速公路周边建设133平方千米的环城生态圈，构建“六湖八湿地”生态湖泊水系，“六湖”指成都将依托现有的府河、清水河、江安河、东风渠等水系，建成锦城湖、江安湖、金沙湖、安靖湖、北湖、青龙湖6个湖泊；“八

① 余跃海单位：四川大学锦江学院。
高应杰单位：野孩子营自然教育工作室。

湿地”指在“六湖”周边及成华区龙潭片区、锦江区三圣片区布局8片集中水生作物区。西区中水湿地公园位于成都高新西区芙蓉大道和西源大道交汇处，是西区净水厂的配套湿地公园，占地面积约8.79万平方米。规划中，成都中心城区中水回用率将达到40%。

【策划设计思路】本活动以一年12个月为1个周期，通过对湿地公园的探访，逐步了解每片湿地的生态功能和水环境功能，并进一步探索城市湿地的源头，了解净水厂的工作原理和净化流程。了解净化后的中水、湿地公园、净水厂、周边湖泊及流经水系之间的关联，逐步绘制出一幅成都水资源的活水网络，从而对成都的水资源、水网体系构建一个相对完整的知识性构架。

笔者选取了其中最具代表性的一期活动——西区中水公园作为本次案例，因为中水公园能更好地诠释中水的来龙去脉。

【活动设计】

1.活动对象

3~6岁低龄段混龄群体，20组家庭。

2.活动时长

6小时，每月一次，一年12个月为1个活动周期。

3.知识点

初步了解成都关于“六湖八湿地”的相关信息；了解中水公园的由来和作用，中水公园的工作原理及净化流程；认识湿地公园中具有改善环境、净化水质功能的植物，中水的作用，中水公园的源头及中水水系的流向，保护湿地公园的具体措施。

4.意识和理念

步入自然环境中，接触自然，从自然中体验和探索湿地之美。

从低幼年龄段幼儿及家庭开始，普及湿地生态系统的相关知识，通过观察、体验、探索、游戏等方式与湿地公园的动物、植物、昆虫、水径等建立自然连接，构建与湿地公园相关的知识体系，持续不断地引发孩童更深层次的学习与探索，更好地倡导生态环保的重要性，促进身边的人去了解生态环境的现状，增强公共环保意识，为环境保护出一份力。

5.技能和能力

身体素质提升：累积徒步里程，徒步技能训练。

社交能力提升：团队协同合作。

社交能力、田野调查能力、科学探究能力的提升。

科学探究能力：以湿地二十四节气为主题制作自然观察日志和个人口述日记，整理湿地植物、动物调查手册以及项目汇编等活动安排，学习探究方法、工具的运用。

自我提升：湿地生态知识的积累，面向同学朋友的自然教育宣讲。

6.情感、态度和价值

让孩子们亲近自然、探索自然、体验自然中各种生态环境以及一年四季的变化，对环境问题产生兴趣，培育其保护环境的使命感和责任感。

7.口述日记

引导儿童以口述日记的方式自由展开话题，回顾总结当天活动内容，后续形成《自然成长手册》。

【活动内容】“成都城市湿地公园二十四节气自然探索之西区中水公园”包含自然探究、观察以及以脚步亲近大自然的体验活动，活动过程中穿插湿地及自然知识讲解。将湿地动植物不同时节的数据采集、整理成册。带领孩子形成自己的口述日记，记录亲历过程并向身边的人宣讲湿地知识。

初识、构建——暖场游戏，徒步中水湿地公园、周边水系。

观察、体验——观察活动：寻找中水公园里的颜色。

发现、探索——中水公园湿地植物采集、统计，汇总表格。

体验、实践——模仿中水公园净水流程，挖制沙渠、自制滤水器。

分享、总结——中水公园的自然观察日记形成。

【组织实施】

1.前期准备

成都湿地公园地图（20张）、《自然户外活动徒步安全手册》（20套）、放大镜（5个）、植物标本袋（20个）、各色涂料色卡（20张）、纸质表格（20套）、彩笔（若干）、背包、水杯、补给用的少量零食（家庭自备）。

2.行前准备及通知

为定期参加活动的家庭提供当期指导文件，为中途参加活动的家庭提供简洁的前期活动简介及相关知识。提前一周发出活动通告，让参加者熟悉活动流程并做好行前准备。

3.活动过程

（1）破冰活动，时长1小时左右。

（2）开场说明，时长半小时左右。

（3）徒步中水湿地公园，时长1小时左右。

（4）营地休息，时长约1小时。

（5）自然观察活动，时长1小时左右。

（6）湿地植物采集，时长1个小时。家庭自由分散活动，使用“十选一准则”，孩子们少量采集或拾取可供净化的植物样本。将收集到的2～3种有净化功能的植物样本，由家长协助在表格上填写关于该植物的特征描述及相关信息。收集完成后回到集合点，由孩子们分享观察的植物特征及功能作用。最后，开展一个猜猜猜的小游戏，深化对湿地植物的体会。

（7）自制过滤装置，时长1小时。找了一处空旷的场地，参照中水湿地公园的净化水质流程，用自制的过滤装置过滤水，观察整个净化过程。

4.总结评价

利用半小时分享时间，引导儿童回顾今天参与的活动，发现其中的意义和价值。通过自然教育活动与自我建立联结，感受大自然带来的乐趣。

最后，请家长带着孩子们用手机把今天经历的、收获的、有趣的、还想再接着做的事情用口述的方式录制下来，回家后再整理到《自然成长手册》中。

【活动评价】以二十四节气为线索，以水资源生态环境为系统，以成都环城生态圈的湿地公园为场域，为下一代开启用生态环境的定位来进行观察、思考的契机，使他们在真实的环境中感触自然、强壮身体。

虽然孩子每次会到不同的湿地，但是在整个大环境中，他们四季都会遇到熟悉的植物、动物：沿阶草会从白色或紫色的花结出紫色的果子，美人蕉的花谢了以后会变成一株张扬的刺球；戴胜会在林间溜达；白鹭会哄抢泥鳅；水里的蜉蝣稚虫会变成软乎乎会飞的成虫……

以二十四节气为线索，依托成都环城生态圈的湿地公园，以水资源生态环境为媒介，开展了周期性的生态观察活动。通过观察沿阶草、美人蕉等不同植物随季节的生长变化，蜉蝣等昆虫的变态发育过程，戴胜、白鹭等鸟类的生态行为，下一代学会了用生态位的视角观察和思考，并在真实的环境中感触自然、强壮身体。通过这一系列定期活动，孩子们能正确地感知人在环境中的生态位，成了与大自然深度联结的“野孩子”。

案例51 “肖甸湖的渔与耕”同里国家湿地公园自然教育活动

沈娅婷 朱鹤妹[①]

【实施地点】江苏吴江同里国家湿地公园位于江苏省苏州市吴江区同里古镇东北部，属于太湖流域下游阳澄淀泖水系区，包含澄湖、白蚬湖部分水面，总面积972.18公顷。湿地公园划分为保育区、恢复重建区、合理利用区三大功能区。公园湿地面积为833.52公顷，湿地覆盖率超过了85%，为水鸟等野生动物提供了丰富的资源及栖息地。

2014年公园成立了宣传教育活动部，创立“自然课堂”宣传教育品牌，以传播环保理念、增强公众环保意识、触发公众环保行动为主旨，用科普宣传教育推进“人与自然和谐共生”。目前，开发的环境教育课程集《对话同里湿地——生机湿地环境教育系列课程之同里篇》已经完成出版。课程在兼顾体验、轻松、有趣的基础上，对标专业环境教育以及校内课程标准进行设计，让参与者在寓教于乐中学习水乡的生活智慧和现代科学的湿地保护知识方法。七年多来，湿地公园共开展科普宣传教育活动1000多场，线下受益人群超10万人。

【策划设计思路】同里国家湿地公园周边的村庄至今仍保留着湖中养

① 作者单位：同里国家湿地公园。

蚬、河中捕虾、房前种蔬、院中拴狗、屋后育果耕田的江南人家特色。生活在这片土地上，人们用智慧改造自然、利用自然，但同时自然也在潜移默化地影响着人们的生产生活方式。村庄的先民们循着自然的法则，在此打渔农耕，世代生活，创造了独特的渔耕文化。

“肖甸湖的渔与耕”活动旨在带领参与者“重识同里”，体验水乡的传统生活方式，了解水乡特色农具、渔具及其使用方法，理解人与自然和谐相处的意义。

【活动设计】

1.活动对象

7周岁以上亲子家庭以及成年人。

2.活动时长

85～110分钟。

3.知识点

了解同里传统的耕作工具以及同里水乡的生活方式。

4.意识和理念

意识到人们用智慧改造自然、利用自然，但同时自然也在潜移默化地影响着人们的生产生活方式；意识到人与自然和谐相处的意义。

5.技能和能力

能够认识常见农具和渔具，学会其使用方法；能了解常见的农业生产步骤，理解传统农事活动的辛劳。

6.情感、态度和价值观

尊重本土知识和文化多样性；意识到粮食来之

不易，树立珍惜粮食的观念；感受水乡劳动人民的生存智慧，感恩大自然对人类的馈赠。

【组织实施】

1.前期准备

当地常见的渔具及农具实物（10～15种）、当地常见农具及渔具照片（20～30张）、教学用白板（1块）、白板磁力吸铁石（1套）、扩音设备（1套）、干燥后的稻草（根据参与人数而定）、情景挑战任务单（根据参与人数而定）。

2.引入环节（10～15分钟）

教师开场介绍并将学生分成若干小组。

热身游戏：水桶挑战赛或搓稻绳挑战赛。

3.知识构建（15～20分钟）

教师介绍同里当地常见的农具和渔具，并且演示其使用方法。具体展示方法可以利用互动小游戏，比如，农具图片和名称配对的活动。

4.实践环节（50～60分钟）

搓稻绳挑战赛（同里国家湿地公园/供）

请肖甸湖的村民介绍当季适合的农事生产活动，演示相应的农耕工具，并且带领学生下地进行实地体验。

请肖甸湖的村民介绍当地特色的渔具扳罾（扳丝网）的使用方法，学生在村民的指导下在指定区域中利用扳罾捕鱼。该活动的目的是为了体验传统的渔猎方式。为了减少对环境的影响，所捕的鱼虾需放生。

5.分享总结和拓展（10～15分钟）

请学生分享体验农耕及捕鱼之后的感受，思考传统农具和渔具体现了哪些劳动人民的智慧以及和大自然的关系。

通过提问的方式，请学生比较现代农具和传统农具的差异及优缺点。请学生讨论现代农业和传统农业各有何利弊，从传统农业中可以得到哪些启发。

【活动评价】课程结束后通过提问的方式请学生回忆在课程中认识了哪些特殊农具及渔具，学到了哪些农事生产的技能。通过农具和渔具，总结传统的水乡生活方式及其蕴含的理念和智慧。引导学生思考现代农业和传统农业之间的区别和联系。

对于活动成效的评估主要体现在以下两个方面：①能在实践中很好地完成任务，认识常见的农具和渔具，并且学会其使用方法。②能了解常见的农业生产步骤，意识到粮食来之不易，树立珍惜粮食的观念。

案例52　昆山天福国家湿地公园自然教育活动

昆山天福国家湿地公园保护管理中心

【实施地点】江苏昆山天福国家湿地公园位于花桥经济开发区最北部，规划总面积779.54公顷，由河流、沼泽、林地、池塘、人工湖和稻田等组成，湿地面积495.94公顷，湿地率63.62%。2013年底，获批进行国家湿地公园试点建设，并于2018年6月完成国家级湿地验收评估。

天福国家湿地公园动植物资源丰富，环境优美，有着较高的科研宣传教育价值，始终坚持“全面保护、科学修复、合理利用、持续发展”的基本原则，围绕湿地生态系统保护恢复、管理能力建设、科研监测、科普宣传教育、基础设施建设等方面开展一系列工程措施，在城市化水平高度发达、生态环境碎片化的长江三角洲区域内，成功打造了一片弥足珍贵的生态宝地和“天赐福地”。

【策划设计思路】加强湿地保护知识普及教育和宣传，是湿地保护及管理工作的重要环节。通过对在校学生进行系统的湿地教育，不仅可以加强学生对环境变化的敏感度，还可以更好地塑造其对环境保护的态度及意识，为全市生态文明建设工作提供强有力的支持，培养公民科学家。

【内容设计】

1.课题

不同环境因子与鸟类种群和数量的关系。

2.课程安排

第一课：湿地大观园。通过体验活动，能够了解湿地的概念、生态功能等。

第二课：湿地调研员。通过PPT、仪器操作等方式，学习户外调研技巧，设定调研目标等。

第三至八课：户外实践课。以户外为主，结合掌握的调研技巧，以小组为单位，分别至指定地点开展调查，并汇总资料。

【组织实施】

1.湿地大观园

第一环节：历史知多少（20分钟）。

利用数字、图片，让学生对天福的历史事件进行排序；通过讲解，让学生了解天福地区前世今生的故事，引申出天福湿地。

第二环节：湿地大闯关（20分钟）。

通过卡片游戏，分辨属于湿地环境的组成要素，使学生了解湿地的类型、功能、物种等基本概念。

第三环节：湿地大观园（50分钟）。

乘坐园内观光车游览天福湿地，由讲师沿途介绍湿地类型及天福湿地在生态保护方面的工作等。

2.湿地调研员

第一环节：公民科学家概念介绍（20分钟）。

通过PPT简单介绍，使学生了解何为公民科学家，并设定本学期调研内容、目标等。

鸟类基础知识介绍（昆山天福国家湿地公园保护管理中心/供）

第二环节：鸟类大讲堂（50分钟）。

通过PPT介绍，使学生了解鸟类的基础知识及其习性，并能够进行简单的辨识。

第三环节：初识观鸟镜（20分钟）。

通过现场观鸟望远镜的使用教学，让学生们能够熟练掌握及使用，并简单教授了户外快速寻鸟的方法。

3.户外实践课

通过90分钟的活动，学生使用望远镜，以小组为单位在指定的区域内，以样带法的方式进行鸟类调查，并将观察到的鸟种类、数量及特征进行记录统计。

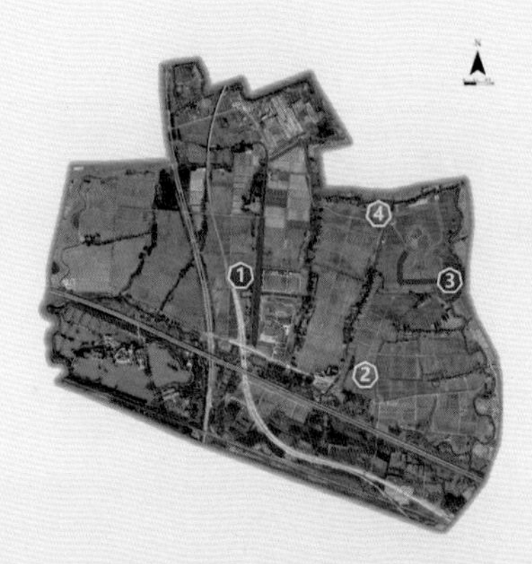

鸟类调查样线（昆山天福国家湿地公园保护管理中心/供）

【活动结果】

1.形成基础的调查样表

该系列实践活动以课题研究为主，因而在每期活动中均会产生相应的调查样表，以记录学生在调查中的所见所得，也会对相关数据进行及时的整理。

2.记录学生的心得感想

学生经过长期的参与学习，了解了很多关于湿地、生物保护、栖息地等知识，完成了多篇心得感想。

3.形成课题研究报告

学生经过长期的调查工作，在讲师的协助下共同完成了该系列课程设定的课题研究，撰写了研究报告一篇。

4.形成活动记录画册

活动结束之后，为更好地进行推广和宣传，设计制作了包含活动过程、调查数据、分析报告等内容的宣传画册一本。

案例53 上海城市湿地公园自然教育活动

上海自然博物馆（上海科技馆分馆）

【实施地点】上海是一个湿地城市，有着丰富的各样湿地生态系统。上海市地处长江三角洲冲积平原，上海的发展史就是一部湿地形成、利用、保护与发展的历史。据《上海湿地资源遥感监测2018年度报告》可知，上海市面积为8公顷及以上的湿地（不含水稻田）总面积为46.86万公顷，占上海市国土面积的45.91%。湿地不仅占据上海市的主要国土空间，同时也为上海市的社会经济发展提供了丰富的物质产品和文化产品，是上海市重要的生物栖息地和应对自然灾害的天然生态屏障。本活动依托上海植物园、长风公园、共青森林公园、后滩公园、闵行体育公园、外环真南路绿化带等城市湿地。

【策划设计思路】全球气候的不断变化、城市的不断扩张、建设用地的不断规划，迅速影响着周边的景观和生态，也影响着城市湿地的生物多样性。两栖类作为水陆两栖、变态发育的陆生脊椎动物，首当其冲受到影响。两栖类动物作为湿地等环境的指示物种，湿地生态系统不能够、也不应该缺少它们的身影。

本活动拟通过监测上海城市中典型湿地内的两栖动物多样性，增强公众对城市湿地生物多样性及环境保护的意识，提升公民科学素质水平。

【活动设计】

1.活动对象

小学四年级以上的全国范围爱好者。

2.活动时长

每周2小时左右，连续4周。

3.知识点

上海两栖动物识别、鉴定与监测。

4.意识和理念

强化公众环境保护意识，时刻关注并保护生物多样性，提高公众参与科学活动。

5.技能和能力

科学监测样线规范化设计、实地考察和监测数据记录。

6.情感、态度和价值观

培养青少年等人群对湿地生物的兴趣和热爱之情，建立科学严谨的学习和研究态度，树立人与自然和谐共存的价值观。

【活动内容】样点法结合样线法，记录两栖动物种类、数量、繁殖情况、天气和水文状况。

活动的创新性：将科学理念和方法融入自然教育，在进行自然教育的过程中邀请公众参与具体的科研活动，使公众既是自然教育的参与者又是科研成果的创造者。

【组织实施】

1. 前期准备

参与者根据自己与科学样点的远近，结合个人时间和兴趣，填写报名表格并认领1～3个样点；在自己的样点内，寻找合适的水塘、设计监测样线、考察样地、画出考察GPS路线。

2. 活动过程

开展“上海两栖动物多样性监测”讲座培训。通过专家的PPT讲解和问答互动，认识上海蛙类的种类及特点，学习两栖类多样性监测中的样线设计、实地监测注意事项与科学数据的记录方法等内容；跟随科学家实地考察，实践两栖类多样性监测；由科研人员带队，在上海典型的城市湿地中进行夜间寻蛙活动，对城市湿地中的蛙类多样性进行完整的监测和数据记录。

组队实施监测并记录和上传数据。将每次监测的数据按照要求填写到固定的表格中。打开微信小程序“听见万物”，点击拍照或录音记录发现的蛙卵、蝌蚪、蛙成体、环境等照片或者蛙鸣声并上传。

3. 活动总结

本活动有201位自然爱好者及其家人报名，成立了上海自然博物馆蛙类生物多样性监测小组，活动期间获得232条有效数据。其中，在为期一个半月的集中监测期间，分别有上海植物园、世纪公园、长风公园、后滩公园等7个长期监测的公众科学小队持续完成了3～5种蛙类生物多样性监测，并获得一定的辅助科学研究的有效数据。

【活动评价】在2022年“从荒野到城市——我的自然百宝箱”展览中，我们将“你好蛙”公众科学项目的全流程以图文版的形式呈现给大家，线下参与人数11258人次，线上参与人数超35352次，有包括央视新闻等36家主流新媒体和传统媒体报道72篇次。

“从荒野到城市——我的自然百宝箱”展览（上海自然博物馆/供）

案例54　中国湿地博物馆湿地教育活动

王莹莹　俞静漪①

【项目概况】为贯彻落实习近平总书记“一个博物馆就是一所大学校”

① 作者单位：中国湿地博物馆。

的重要指示精神，紧抓教育“双减”政策契机，推动博物馆教育与学校教育融合，深度传播生态文明理念，本活动依托博物馆本部资源，通过馆校合作、内容输出、智库支持，打破场地局限，形成中国湿地博物馆独特的“1+X”自然教育模式，摸索出一套可复制的课程经验，深度赋能K12教育体系，率先将生态文明教育纳入学校教育，为教师提供创新平台，与馆方研究人员联合共创教育研究课题。

【策划设计思路】本活动结合教科版三年级科学课中“动物的生命周期”、六年级科学课中“生物的多样性”的知识点，依托“蝴蝶标本馆”中“蝴蝶的外部构造”“蝴蝶的生命历程”等展项及百余种蝴蝶标本，让学生结合已有知识经验理解“生命周期”“生物多样性”等知识点，激发学生研究生命奥秘的兴趣。其次，教学内容设置避免“知识碎片化”倾向，围绕蝴蝶这一载体帮助学生完成“知识构建”，引导学生主动揭示“动物的生长发育规律”，探究生物与自然，生物与人类以及人与自然的关系。针对不同年级学生的认知能力、知识水平，在教学目标和教学内容上进行有针对性的设计。

【活动设计】以下选取五大主题和跨学科综合实践活动作为活动课程内容举例。“蝴蝶密码”课程安排如下。

主题一：蝴蝶百态，分为“蝴蝶的生态特征观察”“制作蝴蝶模型和蝴蝶种类”和“蝴蝶之最”3

个课时。

主题二：蝴蝶的生命周期，分为“蝴蝶饲育”“蝴蝶的生命周期观察”“蝴蝶观察日记”和“其他动物的生命周期”4个课时。

主题三：蝴蝶与自然，分为“蝴蝶与自然环境”和“蝴蝶的生存本领”2个课时。

主题四：蝴蝶与人类，分为“蝴蝶的保护”“蝴蝶的价值”和“蝴蝶文化”3个课时。

主题五：蝴蝶、人与自然，分为“蝴蝶的保护与生物多样性”和“生物多样性与人类”2个课时。

跨学科综合实践：蝴蝶的生命周期，分为“蝴蝶创意写生”“蝴蝶生态摄影”“蝴蝶主题工艺品制作”和“蝴蝶标本制作”4个课时。

【组织实施】

1.“蝴蝶馆”科学课程的教学策略

倡导以探究式学习为主的多样化学习方式，并将“科学探究”作为

蝴蝶观察（中国湿地博物馆/供）

第二层教学目标，与“科学知识”“科学态度”“科学、技术、社会、环境”共同组成了“四维教学目标”。下文以“蝴蝶的生命周期”主题课程为例。

2.确定教学目标

课程结合学科知识点，指导学生进行蝴蝶饲育，并对蝴蝶的生命周期进行观察、记录。引导学生深入理解动物都有生命周期，都要经历“出生－生长发育－繁殖－死亡4个阶段”“不同动物在生长过程中的形态、变化、繁殖方式各不相同，寿命的长短也不相同”等知识点。

3.构建学习情境

引入：通过科普纪录片《蝴蝶探秘》提出几个概念，让学生回顾科学课中学到的知识经验“蚕的生长变化”“蚕蛹变成了什么”，提出问题“蝴蝶与蚕的生长过程有何不同”，引导学生得出“不同动物在生长过程中的形态、变化、繁殖方式各不相同，寿命的长短也不相同。”

探究：带领学生参观“蝴蝶馆”中“蝴蝶的生命历程”展项，进行进一步探究——由学生自主总结蝴蝶的一生，用流程图或循环图绘制蝴蝶的生命周期。

深化：播放科普短片《小蝌蚪的故事》，自主总结小蝌蚪的一生，从而引入课程的重点部分“变态发育”的概念。

该阶段主要引导学生按照观察、发现、提问的脉络来感受体验，从多种动物的生命过程中发现共同的规律，提高分析、比较、综合、概括的能力。

4.动手验证猜想

指导学生进行蝴蝶饲育，并对蝴蝶的生命周期进行观察、记录。按照学生年龄层次，根据《小学科学课标》合理地设计饲育蝴蝶及活体观察活动。

5.应用交流总结

应用：课前要求学生收集不同动物生命周期资料。

交流：小组汇报交流。

总结：教师引导学生回顾整个活动过程，并带领学生讨论人的生命周期。帮助学生深刻理解“虽然动物个体最终会死亡，但是通过繁殖可以使其物种不会随着个体的衰老死亡而灭绝，并得以延续”。

案例55　台湾南投县埔里镇桃米生态村湿地自然教育活动

本书编辑委员会

【实施地点】桃米村位于台湾南投县西南方，占地面积18平方千米。21世纪之前，这里是一个出了名的贫困村，产业落后，经济衰落，村里的年轻人大多逃亡到都市谋生。由于埔里镇的垃圾填埋场就在村落附近，所以桃米村又被称为“垃圾村”。祸不单行，1999年台湾南投地区发生了“9·21”大地震，使得全村396户中的228户房倒屋塌，村里顿时变为一片废墟。

地震后，通过多方共建的模式，桃米村转变为一个以生态旅游与教育为特色产业的新型乡村。

【策划设计思路】丰富的自然资源为桃米村的“教育事业”提供了丰富的素材。腹斑蛙、贡德氏赤蛙、拉都希氏赤蛙……由于拥有台湾近80%的蛙类品种，桃米村利用自然优势，以青蛙为主题，创设“青蛙王国”，并开展相关自然教育，实现村庄振兴。

【活动设计】

1. 活动对象

青少年，以及观光大众。

2. 活动时长

一般为1～2天时间，重度体验者可自行延长时间。

3. 活动目的

建立孩子与大自然的联结；以农耕体验为基础，开展食育和生命教育；以传统文化为核心，体验生活美学；以现代智慧农业为依托，进行科普教育。

【组织实施】

（1）台湾拥有的29种蛙类中，桃米村就有23种。在当地政府帮助下，桃米村民挖掘资源潜力，不断宣传各种各样的青蛙，把青蛙设计出各种可爱的卡通形象，遍布乡村醒目位置。

（2）青蛙，被提炼为村子的文化符号。

（3）这里的村民还亲自动手，用纸、布、石头等自然材料，制作各种质朴的手工艺品。就连村里的男、女卫生间，也被命名为“公蛙”和“母蛙”。

（4）青蛙元素在桃米村民宿业也随处可见，成为民宿主题，许多民宿院落里专门为青蛙营造了生态池。

（5）一个“青蛙王国”的概念，就串联起了一个巨大的产业闭环，并能为自然教育提供大量素材和课程：科普知识、环境保护、生命教育、手工艺制造、生活美学体验。

【活动评价】桃米村的成功，首先在于其坚定地走发展生态旅游这条道路，将穷山恶水改造成青山绿水。其次在于它结合了当地生物种类丰富的优势，以青蛙为特色，逐渐形成“春天荧光齐飞舞，夏季蛙鸣荷叶间”的特色景观。最后，除了“体验经济”理念之外，桃米村还创造出了“分享经济”理念，即休闲农业经营者与游客分享乡村生活，变“消费者为上帝”为“与客人成为志同道合的朋友”，形成独具特色的“情景消费”模式。

转型后的桃米村，不仅拥有富有教育性的游乐设施、餐饮、民宿等观光产业，同时竹木、漆树、陶瓷等工艺艺术产业和文化创意产业也随着生态产业的发展活跃起来。以见学农园区为核心，分布着生态景观节点和人文景观节点的生态景观区、牧场区和民宿餐饮区等散落在村域内，形成了自然休闲的乡村生态旅游系统。在多方参与下，村民充分发挥其主体性，以生态保育教育为方向，重建自己的家园，引进生态伦理及生态方法，构建了一系列生态艺术景观，2010年游客量达40万人次，并带来1亿台币的营业收入。

案例56 广东沙头角林场恩上湿地自然教育活动

安然 蒋文倩 谢茵茵 朱玲君 扎西拉姆[①]

【实施地点】广东沙头角林场（广东梧桐山国家森林公园管理处）恩上湿地位于恩上水库东侧的地块，原有场地内植物空间围合感差、荒草

① 作者单位：广东省沙头角林场（广东梧桐山国家森林公园管理处）。

丛生、薇甘菊等有害生物较多，林分质量差。经规划、设计，结合现有林分及水系，营造湿地花海，修复场地，恢复自然，打造多样化的植被群落与湿生环境，为鸟类、鱼类、两栖类等动物提供种类丰富的觅食地、栖息地与庇护场所。现已打造国际级高山湿地生态系统。

在生态示范园湿地生态修复建设基础上，增加湿地基础配套内容，包括观景平台、湿地区域步道等建设提升湿地周边景观，为游客提供观景、观鸟、赏花等沉浸式森林体验场所；设置科普展示长廊，以长廊的形式为游客展示森林生态环境及自然教育知识，沿途景观节点增加自然教育等互动设施，设置特色坐凳，为游客打造生态科普展示空间，达到让公众认识湿地、了解湿地、保护湿地的目的。

【策划设计思路】在湿地公园带孩子们了解湿地水循环、水的形态转换、如何保护水源等相关知识；结合水的相关知识，自然教育导师团队设计了与水相关的任务手册，寓教于乐，以趣味的方式传播水知识，希望孩子们在玩耍的过程中，能学习到相关知识。

【活动设计】

1. 活动对象

7~9岁儿童。

2. 活动时长

150分钟。

3.知识点

了解湿地与人类的关系、水的用处及危害以及劳动工具的正确使用方法。

4.技能和能力

能够掌握湿地的基本知识点；能够完成用过滤器过滤水的挑战；能够积极参与运水的小游戏，并完成任务。

5.情感、态度和价值观

通过对水（湿地）更深入的理解，知道珍惜水资源、保护大自然。

通过运水小游戏，能结交好朋友，懂得如何保护自己和照顾他人。

【组织实施】

1.前期准备

知识准备：湿地的相关小知识。

教学准备：自然名牌、挂绳、水彩笔、任务手册、运水游戏的工具、过滤水的相关工具。

2.活动过程

第一部分：自然开场。

（1）自我介绍。

（2）找一找身边的水。

（3）运水游戏。

（4）听一听水的声音。

（5）摸一摸水的形态。

（6）看一看水的颜色、水周围环境。

（7）你知道梧桐山的水是怎么来的吗?

（8）水的用处。

（9）水的危害。

第二部分：自然体验。

穿插关于水的自然科普介绍。

过滤水小实验（广东梧桐山国家森林公园管理处/供）

过滤水小实验：请孩子们自取湿地泥沙水在过滤器中进行过滤，看看能否过滤出清澈的水。

打水仗：人手一把水枪，去湿地边提水，开启疯狂打水仗游戏。

第四部分：活动延伸。

找找你的家里有哪些可以节约水的地方，想出好办法，把解决方法用图片记录下来，发到群里和大家一起分享。

【总结评价】每个环节，孩子们都积极参与其中，从中能感受到他们对知识的渴望。任务手册（“森林X计划之森林捕水记”）里的五感体验孩子们特别感兴趣，活动中，孩子们不仅了解到恩上湿地相关水资源的知识，也掌握了一定的应对各种气象灾害的能力。

同时，活动让孩子们学会保护水资源，认识到水资源对人类生存的重要性，在日常生活中学会节约用水。

案例57　广州海珠国家湿地公园自然教育活动

刘雪莹[①]

【实施地点】广东广州海珠国家湿地公园（简称海珠湿地）地处广州中央城区海珠区东南隅，北面琶洲会展，南望大学城，东临国际生物岛，西跨城市新中轴，总面积1100公顷，是全国特大城市中心区最大、最美的国家湿地公园，名副其实的广州“绿心”。海珠湿地水网交织，绿树婆娑，百果飘香，鸢飞鱼跃，积淀了千年果基农业文化精髓，融汇了繁华都市与自然生态美景，独具三角洲城市湖泊与河流湿地特色，是候鸟迁徙重要通道、岭南水果发源地和岭南民俗文化荟萃区。

【策划设计思路】学员通过参加认知湿地植物活动，了解湿地自然生态知识，真切感受湿地的自然美好环境，正确认识人与湿地的关系，树立爱护湿地的意识。

【活动设计】

1. 活动对象

6～12岁亲子家庭。

2. 活动时长

2小时。

3. 知识点

湿地的概念和功能，海珠湿地的特色，常见的海珠湿地植物。

4. 意识和理念

引导公众感受海珠湿地自然生态环境的美好，正确认识人与自然的关系，宣传湿地保护理念，培养公众热爱自然和探究事物的热情，树立爱护野生动植物和保护湿地生态环境的意识，养成良好的行为习惯。

---

① 作者单位：广州海珠国家湿地公园。

5.技能和能力

认识海珠湿地植物，认识人与湿地的关系；学会思考、倾听和讨论；就身边的环境提出问题，尝试解决简单的环境问题。

6.情感、态度和价值观

珍视生物多样性，尊重一切生命及其生存环境；认识自然规律，摆正人与自然的关系，追求人与自然的和谐；树立正向的生态观，在日常生活中养成爱护自然环境的行为习惯。

【活动内容】学员在导师的解说引导下，通过五感体验湿地自然生态环境、学习认知海珠湿地常见湿地植物，从中了解什么是湿地、湿地的作用和与人类的关系。引导学员正确认识湿地生态环境和其发挥的生态、文化和经济等效应，从而激发人们爱护自然的热情。

【组织实施】

1.前期准备

知识储备：湿地的定义与功能特点，海珠湿地的特点，海珠典型湿地植物。

活动材料：海珠湿地生态导赏图册、海珠湿地植物科普折页、镂空图形卡、自然调色盘。

2.活动过程

（1）引入。主教老师开场大致介绍广州海珠国家湿地公园及活动安排，向参加者提问心目中的湿地是什么样的，与人类有什么关系，从而让大家带着问题开展探秘之旅。

（2）活动环节。

环节一：自然导赏——绿心湖水为什么那么清？

导师向学员介绍海珠湿地绿心湖，带大家认识了解海珠湿地常见的水生植物和水生态系统，讲解湿地的概念和功能特点，及其在自然生态和人类生存环境中的重要性。

环节二：自然游戏体验一——自然照相机。

向学员派发镂空图形卡片，引导大家用自然景色印衬卡片镂空图案拍照，欣赏和思考自然景物中的内容。

环节三：自然游戏体验二——七彩色盘。

向学员派发七彩色盘，要求大家沿途收集自然物体的各种颜色（树叶、花瓣、种子等，注意提醒要爱护湿地环境，不可采摘），通过收集记录，感受自然的美好。

（3）小结分享。各亲子家庭小组总结讨论生态环境对人的影响和重要

自然照相机（广州珠海国家湿地公园/供）

性，提出相关疑问。主教老师回答学生相关疑问，回顾总结本次活动的主要讲解点：湿地功能特点、植物的作用、人类与湿地环境的关系等。鼓励学员分享在此次导赏活动中的感受；让大家意识到人与自然和谐相处的重要性以及自然生态平衡是人类生存和发展的前提，引导大家关注和保护湿地环境。

【总结评价】

（1）发放填写问卷调查表和收集活动反馈意见。

（2）根据问卷调查结果和反馈意见进行活动评价。评价内容主要包括：是否了解湿地的定义和功能特点；是否认识活动中提到的海珠湿地常见植物；是否正确认识人与自然的关系，知道保护环境的重要性，在日常生活中逐步养成爱护环境的行为习惯。

案例58　湖北武汉华中科技大学附属小学湿地自然教育活动

程伟[1]

【实施地点】华中科技大学附属小学位于湖北武汉喻家山下，东湖之滨，在华中科技大学校园之内，良好的自然环境为开展各种自然教育提供了天然的条件。本案例活动地点设置在华中科技大学校内的池塘湿地、湖北武汉市东湖国家湿地公园、学生各自生活的小区湿地、学生居住小区附近的城市

[1] 作者单位：华中科技大学附属小学，湖北省野生动植物保护协会。

湿地公园以及学生暑假旅行到过的湿地。

【策划设计思路】武汉有“百湖之市”“湿地之城”的美誉，湿地资源丰富，是长江中下游湖泊湿地的典型代表，湿地面积16.24万公顷，位居内陆城市前列。第十四届《湿地公约》缔约方大会也将在武汉举办。这是我国首次承办这一国际性湿地生态保护大会。在这次大会上，武汉还将冲击世界湿地生态保护的最高荣誉——国际湿地城市。对市民进行湿地教育是时势所趋。

对于自然的亲近感，最好是在儿童时期就开始培养，这样效果最好。特别是对于城市的儿童来说，从小进行自然教育是势在必行的。故而，以“小手牵大手，用照片保护湿地”为主题，帮助学生及家长一起了解身边的湿地，提升公众的湿地保护意识。

【内容设计】

1.活动对象

1~6年级小学学生与家长。

2.活动时长

暑假内自由时间。

3.知识点

武汉是湿地之城，湿地提升人们生活的品质。

4.意识和理念

认识和保护身边的湿地。

5.技能和能力

实地考察的能力，利用手机等拍摄设备进行拍摄的技能，摄影构图等表现美的审美能力。

6.情感、态度和价值观

培养儿童“绝知此事要躬行”的科学实践精神、关心身边环境与自然友好相处的情感以及人与自然和谐共存的价值观。

【活动内容】在暑假期间，学生在家长的陪同与帮助下，一起去周边的湿地拍摄环境、动物和植物，暑假结束后提交湿地摄影作品，进行评奖并编辑摄影集和明信片。

【组织实施】

1.前期准备

教师准备摄影活动介绍的PPT；家长准备手机或者照相机；为学生准备摄影作品征稿启事的纸质稿。

2.活动过程

（1）在学校组建湿地保护教育工作组。

（2）活动开启：利用国旗下讲话的机会对全校师生进行宣讲，告知师生活动的开始时间。

（3）暑假放假前，班级的湿地宣传员把摄影作品征稿启事的纸质稿发给学生。

（4）学生利用暑假时光，或是出去旅行的机会拍摄湿地相关照片。提醒学生一定要注意拍摄的安全，必须在家人的陪同下进行拍摄。

（5）暑期结束，学生在家长的帮助下筛选合意的作品、命名、投稿的过程。

（6）工作组分组、收集学生作品，评选出优秀作品后编辑成摄影集和明信片。

（7）印刷湿地摄影集和明信片，发给获奖同学，同时每个班和每个教师办公室获赠湿地摄影集一本供全班同学借阅。每班获赠一套湿地明信片。

【总结评价】本次活动历时两个多月，收到学生投稿1598张湿地摄影作品，近1000个家庭参与。其中，128张作品入选湿地摄影集，编辑成册供全校同学和老师借阅，使湿地的概念得到了一定范围内的传播。在亲临湿地拍摄照片的过程中，本活动促进了亲子关系，也促进了人与自然的和谐。

从学生发的照片来看，既有在小区湿地拍摄的照片，也有附近湿地公园的照片，既有武汉市内的湿地照片，也有湖北省以及全国各地的湿地照片。手机拍照作品占了绝大多数，说明在利用已有的工具基础之上来开展活动是容易实现和成功的。降低活动门槛，可以让更多的人参与活动。

从交稿的年级划分来看，低年级同学参加的热情明显高于高年级同学，由此证明自然教育开展得越早越好。

案例59　郭守敬纪念馆与西海湿地公园自然教育活动

汪永晨[1]

【实施地点】什刹海西海位于北京市德胜门西，又名积水潭，水域面积7.4公顷。北京市西城区实施10.9公顷水面及绿地改造，恢复西海历史上的湿地景观风貌和本地区丰富的物种多样性，构建城市湿地的生态系统，促进水生态修复和水环境改善，同时结合湿地科普教育和游览休闲，打造既朴实自然，又具有文化特色的湿地公园，重现老舍先生笔下“柳林环堤、千顷荷花、芦苇丛丛、水鸭为群、蝉声鼎沸”的如画风景。

位于西海北沿汇通祠内的郭守敬纪念馆，系统地介绍了什刹海、积水潭的历史和元代时期北京的水利工程概况，增添了西海湿地的人文资源价值。

① 作者单位：绿家园环境科学研究中心。

【策划设计思路】北京水系的变革对城市的发展起到了不可替代的作用。通过参观郭守敬纪念馆和西海湿地，可以让观赏者了解河流湖泊在整个水系中的位置，全面认识该水域在系统中的重要意义。同时，学习湿地动植物系统，可以让参观者对湿地环境有直观的认识，对动植物的特征、作用以及它们之间的关系有深入的了解。

【活动设计】

1.活动对象

社会公众。

2.活动时长

2小时。

3.知识点

（1）郭守敬生平，天文水利知识，北京水系变迁史，北京河流系统和河流特色。

（2）湿地周边自然环境。

（3）现代城市水治理先进案例和理念。

（4）园林水利建设基础知识。

4.意识和理念

（1）水系是城市人生活的基础，是前人、今人智慧的结晶。

（2）了解水系、保护水系、亲水、亲自然。

（3）城市水系需要大家一起爱护。

5.技能和能力

（1）对北京水系有基础的了解，能说出北京最大的几条河流，知道其地理位置分布及在历史上的作用。

（2）对湿地功能、动植物环境有了解，能够说出20种湿地动植物，了解它们的生长特点及作用。

（3）能够辨认哪些人为活动对城市水系和水环境有破坏。

6.情感、态度和价值观

（1）对城市和水系产生热爱，为北京市的河流系统感到自豪。

（2）人与自然和谐相处，合理利用自然，亲近自然。

（3）每个人都可以参与河流检测、动植物保护的实践活动。

【活动内容】

1.热身破冰分享

相互认识。

2.郭守敬纪念馆和湿地公园参观

在参观过程中，注意引导大家关注展览馆展厅墙面和地面的河流导览灯光指示、动植物微缩景观查看等互动设施，方便大家更好地理解和掌握展览中提到的信息。

出展览馆，来到西海湿地公园，参观郭守敬铜像，了解湿地动植物体系，认识常见植物、动物，了解其性状、生长习性以及与其他动植物的关系。

3.知识延伸和构建

（1）西海湿地公园在城市水系中的位置、地位。

（2）城市水系对城市的作用，对人的宜居和健康的功效。

（3）动植物生态系统在保护水系的过程中发挥的作用。人与自然和谐相处、人类合理利用自然的重要性。

4.思考与分享

请大家就活动发表自己对郭守敬生平、北京城市水系历史沿革、湿地环境系统、人与自然和谐相处与合理利用等方面的感想，感兴趣的朋友可以写文章，发表在公众号、美篇或者“巡河宝”上。

【活动评价】通过对纪念馆的参观，大家对水系和城市的关系以及水系与人的关系有了直观的了解。通过湿地公园的实地考察，大家对纪念馆中学习的知识印象更深，能够活学活用。集体参观、讨论，相互指导，和导览相结合，能够达到更好的学习效果。后期还有河流考察的后续设计，能够帮助大家实地体会城市水系，了解人与自然和谐发展的理念，带动更多的人参与保护河流水系。

未来可以考虑设计一些打卡和游戏形式的互动。设计湿地动植物卡片和贴纸，在学习的时候将学习到的动植物贴在卡片上，创造属于自己的小湿地画。

案例60 中国科学院华南植物园湿地自然教育活动

季节[1]

【实施地点】中国科学院华南植物园是我国历史悠久的植物学研究机构，前身为国立中山大学农林植物研究所，由著名植物学家陈焕镛院士于1929年创建，1954年改隶中国科学院，易名中国科学院华南植物研究所，1956年建立华南植物园和我国第一个自然保护区——鼎湖山国家级自然保护区，2003年10月更名为中国科学院华南植物园，目前是

① 作者单位：中国科学院华南植物园。

全国三大植物园之一，设有杜鹃园、姜园、竹园、孑遗植物区、水生植物园等园区。

【策划设计思路】中国科学院华南植物园水生园位于华南植物园中心游览区域，景观优美，收集并展示了热带、亚热带地区典型湿地植物150多种，夜鹭在这里觅食、各种鱼儿在这里生息、蜻蜓在这里争夺领地……这个水生园大家庭隐藏着无数的生命奥秘。

“出淤泥而不染”的莲（荷）花与中国文化渊源深厚，是中华民族精神的寄托之一，而且从小学语文第一课“江南可采莲”开始，多次出现在语文及其他科目中；开展荷花的自然探究课，有利于学生从小理解民族文化和精神，并有助于校本课程的学习。

从荷花的实物观赏，到荷花的多角度多维度诗词欣赏、绘画，再到游戏、美食，从多元素、全方位了解荷，运用五感全身心体验和感受荷文化。

【活动设计】

1.活动对象

8~12岁小学生。

2.活动时长

120分钟。

3.知识点

荷花的形态结构、名称以及特殊的气体传输构造，荷花能在水中生存的秘技，“出淤泥而不染”的秘密，荷叶疏水的秘密，莲子长寿以及传播的秘密，荷花的秘密，关于荷的古诗词。

4.意识和理念

意识到荷花在中国文化中的重要文化价值，以及在人们生活中的重要生态、景观、美学、食用和药用功能；形成爱荷、护荷的理念。

5.技能和能力

能分辨荷花与睡莲，区别浮水和挺水植物。

6.情感、态度和价值观

荷花文化在我国拥有悠久的历史，从汉乐府的“江南可采莲”开始，对荷花的赞颂从未止步。“清水出芙蓉，天然去雕饰”，荷花成为中华民族高洁、高雅的化身。产生爱荷情感，进而产生热爱和保护环境的理念。

【活动内容】

（1）破冰分享：大风吹游戏，吹到的人需说一个水中生存技能，以引导对水生植物荷花的认识。

（2）引入思考：水生植物的身体结构大改造，举例说明水生植物与陆地植物在身体结构上有哪些不同，重点比较荷花和睡莲，并用彩铅画下来。

（3）建构：荷的身体结构有什么特点，你知道有什么诗词是描绘这些特点的吗?

（4）思考与分享：每人分享一首关于荷花的古诗词，找出其中对荷花的描写并进行解析，从古诗词中发现荷花的美，尝试写一首关于荷花的小诗。

（5）游戏：体验各种与荷花有关的游戏，例如，荷叶运水、解剖荷花并拼回去、荷叶帽子。

（6）分享、小结和拓展：对大家的绘画和小诗进行展示和鉴赏，鼓励作者讲解作品创作思想，进行点评分享；鼓励大家回家后把当天的课程内容形成自然观察笔记或者作文。

【活动评价】授课过程中，发现学生们对知识性内容掌握情况不一，导致对课程理解程度不一致，需要多重复几遍以便让大家尽量地吸收课堂内容；同时，需要不时设问以抓住学生注意力；学生们对吃普遍感兴趣，但是品尝环节也容易扰乱课堂纪律，这点供其他课程教学参考。

荷的结构探秘（季节/摄）

莲子小人（何紫瑜/摄）

案例61 “小湿地 大生态” 洪湖公园自然教育活动

红树林基金会

【实施地点】洪湖公园位于深圳市罗湖区闹市中心。总面积59.15万平方米，其中，陆地面积32.46万平方米，湖面面积26.69万平方米，是一个以荷花为主题，以水上活动为特色的综合性公园。洪湖公园的园林绿化以植物造景为主，采用传统的造园手法，创造了许多优美的植物景观，如屏障式雄浑壮阔的落羽杉水体景观、绿洲岛热带草坪疏林景观、水禽岛的群鹭戏水生态景观、莲香湖的荷花夏景、逍遥湖睡莲冬景、映日潭的王莲等。公园拥有百亩荷塘、宽阔的草坪、大型的荷花展馆、古朴的荷花碑廊等。

【策划设计思路】本案例拟通过对城市湿地公园的自然活动，激发公众探索自然的热情，掌握简单的自然观察方法，让公众了解湿地概念和湿地生态系统的知识，认识洪湖公园3种特色水生植物：荷花、睡莲、王莲，同时提高公众对湿地保护的关注度。

【活动设计】

1.活动对象

8岁以上亲子家庭。

2.活动时长

120分钟。

3.知识点

湿地的概念，湿地生态系统的构成，洪湖公园的历史，荷花、睡莲和王莲的生物学知识。

4.意识和理念

让公众意识到城市中的小湿地对于提高城市生物多样性以及维护城市生态系统的平衡是非常重要的，让参与者认同城市生态保护的理念。

5.技能和能力

掌握自然观察的方法。

6.情感、态度和价值观

公园里的小湿地非常有趣；自然观察是很有趣的；每个人都可以参与环境保护。

【活动内容】

洪湖公园是以荷花为主题的城市湿地公园，种植了上百个品种的荷花。除了荷花外，公园还种植了睡莲和王莲，并建设有专门进行品种培育和展示的品荷园。品荷园内有多个种植池，可以近距离观察池里的水生植物和动物，是开展湿地教育的绝佳场所。我们根据公园特色，设计了“小湿地大生态”的活动，希望通过活动提高公众对城市湿地保护的关注度。活动包括以下4个环节。

1.破冰：在户外荷花池边进行

通过一个造型创意游戏，即让参与者按照主讲老师的口令模拟湿地中的动物和植物造型，引入活动主题，也让参与者彼此熟悉。

2.活动引入：在室内进行

（1）观看一部湿地科普视频《认识湿地三部曲之一：走进湿地》，了解什么是湿地、湿地有哪些类型、湿地与人类的关系、湿地里的动植物等，从而引出讨论：洪湖公园是什么类型的湿地、洪湖公园这个城市湿地里生活有什么动植物。

（2）自然观察单介绍。

（3）行为规范介绍及分组。

3.自然观察：在品荷园进行

荷花池观察：每组选择一个荷花池，根据观察单提示观察池中的动物和植物，并记录观察结果。

观察荷花、睡莲和王莲：根据观察单提示观察，老师引导参与者总结这3种植物的区别，以及介绍有趣的生物学知识，最后引导参与者动手验证荷花的"自洁效应"。

4.总结：在品荷园进行

引导参与者分享所观察到的湿地生物、湿地生物之间的关系，让大家认识到小小的湿地也是复杂的生态系统。

【活动执行】

1.前期准备

活动材料包括：《认识湿地三部曲之一：走进湿地》视频、"小湿地　大生态"活动介绍PPT、自然观察记录表、湿地动植物图卡、小捞网、观察箱、喷水瓶以及荷花、睡莲和王莲的种子等。

2.活动过程

（1）活动前踩点：根据现场情况安排路线及调整活动内容。

（2）活动知识点讲解。

（3）自然观察方法介绍：观察的方法以及记录表要重点介绍。

（4）活动规则强调：观察过程中涉及捕捞水生

“小湿地　大生态”自然观察记录表

时间：　　地点：　　天气：　　观察人：

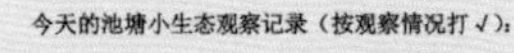
今天的池塘小生态观察记录（按观察情况打√）：

太阳 □刺眼 □明亮不刺眼 □看不清楚

这个小池塘 □清澈见底 □混浊，勉强可见水草 □绿乎乎，基本看不清

蜻蜓正在 □飞行 □ 休息，它的翅膀是□闭合的 □张开的 □没看到

水虿正在 □游动 □只剩蜕壳，在□叶□花□茎□池塘壁上发现的 □没看到

你发现的浮萍□有三片小叶子 □只有米粒大小，□密密麻麻 □很少量

蝌蚪 □一群 □一只，它（们）□没有腿 □有两条前腿 □有两条后腿 □四条腿，□没看到

我看到 □树蛙的卵泡 □游泳的青蛙□听到蛙叫 □很遗憾，什么都看不到听不到

我观察到□一种□两种□三种□___种鸟类，□听到 □没听到 它们的叫声

我发现了左图中没有的物种，□我知道它的名字，它是

□我不知道名字，它的外形是（文字描述）

我还记得它的样子（可以画出来哦）

“小湿地　大生态”观察记录表（红树林基金会/供）

动植物进行观察的动作，因此爱护观察对象的理念要强调。

（5）分享总结：引导大家理解活动主旨。

【活动评价】活动设计了交流分享环节，以小组的形式分享活动中的发现、活动感受等；活动前会让参与者填一份调查问卷，了解其对活动相关知识的了解程度，活动结束后再进行后测，了解参与者对活动的反馈是否达到活动目标；同时，带队老师也会进行活动复盘，对活动方案以及执行方案提出改进建议。活动过程中，引导参与者（主要是学生群体）用到所学的观察方法，设计观察表，回到学校、小区带上自己的同学、家人一起观察身边的小湿地，学以致用，具有可延续性和可复制性。

案例62 “湿地飞羽精灵” 沙家浜国家湿地公园自然教育活动

沙家浜国家湿地公园

【实施地点】沙家浜国家湿地公园占地面积414公顷，位于长江下游南部的国家历史文化名城常熟市南隅，属于阳澄湖水系，周边水网密布。公园现在面积为414公顷，分为湿地保育区、湿地恢复区、科普宣传教育区、合理利用区和管理服务区，湿地恢复区和保育区的面积超过了湿地公园总面积的60%。此外，公园充分发挥湿地科普宣传教育功能，进行了昆虫旅馆、湿地科普馆、湿地自然学校、四季田等项目建设，专门服务于湿地宣传教育活动的开展，传播湿地保护理念。

【策划设计思路】沙家浜是生态资源较丰富的国家湿地公园，鸟类超过100种。本活动以沙家浜特有鸟类作为规划主题，目的是了解鸟类的生态故事与食性，学习观鸟并制作浮岛，以实际行动为沙家浜的鸟类与湿地保育尽一份力。

【组织实施】

1.活动设计

（1）活动对象：4～6年级小学生。

（2）活动时长：3小时。

（3）知识点：公园常见鸟类，生态浮岛原理。

（4）意识和理念：了解鸟类的生存现状，意识到湿地对鸟类和鸟类栖息地的重要性，亲手为鸟儿做个家。

（5）技能：望远镜的使用技巧、观鸟技巧及注意事项。

（6）情感、态度和价值观：鸟儿与人类生活有着密切的联系。保护鸟类、保护环境，实现人与自然和谐共生。

2.活动内容

（1）前期准备。双筒望远镜、观鸟折页、鸟类调查表、教学图片、鸟喙模拟教具、鸟胃模拟教具、记录白板、泡沫垫子、状况卡、浮岛模型、芦竹、麻绳、手套等。

（2）活动过程。白鹭拳：通过导语引出公园明星鸟种白鹭，用热身小游戏“白鹭拳”即猜拳的方式，了解白鹭的4个成长阶段（繁殖羽、学飞、雏鸟、鸟蛋）。活动时长20分钟。

湿地观鸟趣：通过观鸟技巧解说和望远镜使用教学，在徒步和游船的过程中，引导学生们使用望远镜观察野生鸟类，并完成鸟类观察记录。活动时长70分钟。

鸟儿觅食记：将学生分组，使其用随机获得的道具来模仿鸟类的喙进行觅食，了解不同鸟类食性及捕食方式。活动时长20分钟。

何处是鸟家：学生扮演鸟类，进行4个回合的栖息地抢占游戏，通过结论引导学生认识到栖息环境对鸟类的重要性。活动时长20分钟。

为鸟儿做个家：老师向学生展示浮岛模型，解说浮岛净化水质的原理，并示范捆扎步骤。引导学生进行分组和分工，完成生态浮岛的制作，并进行投放，带领学生们参与湿地保育工作。活动时长50分钟。

3.总结评估

活动结束后，引导学生回顾活动内容、分享感悟，使大家再次认识到栖息地对鸟类生存的重要性，鸟类跟人类生活的关系，并呼吁学生时隔一段时间后再来公园，观察自己制作的浮岛情况。最后，进行问卷调查。

（杨斌/摄）

湿地自然体验锦囊

人与自然——湿地自然教育

如何了解湿地资讯及查找活动信息

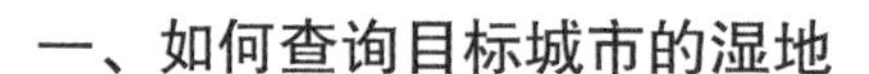

一、如何查询目标城市的湿地

当我们在前述章节对湿地的基本知识有所了解后，可以从《中国国家地理》杂志评选的中国十大湿地入手，了解目标城市的湿地资源状况，也可通过我国的湿地保护组织及所在地区进行查询。

还可通过互联网的地图搜索功能来查找，在地图中搜索“湿地”或“湿地公园”，即可发现所在地周边的湿地资源。

此外，多留心居住环境附近的池塘、农田和未硬化的河岸，说不定就能发现一个湿地微环境！

二、查找活动信息

国家湿地公园往往有对应的官方网站或公众平台，以洋湖湿地为例，进入其官网可找到“主题活动”页面，有针对性地寻找该湿地公园组织的相关活动。

在支付宝小程序“野生小伙伴”中，能看到全国正在开展的自然教育或科普教育活动，且有机会加入当地环保相关的志愿服务活动中。此外，可以关注本地自然教育机构的宣传平台，如武汉地区自然教育机构发起的“武汉自然时光”项目，公众可通过“武汉自然时光”微信小程序查阅当地最新的湿地自然教育活动。

湿地自然体验装备清单

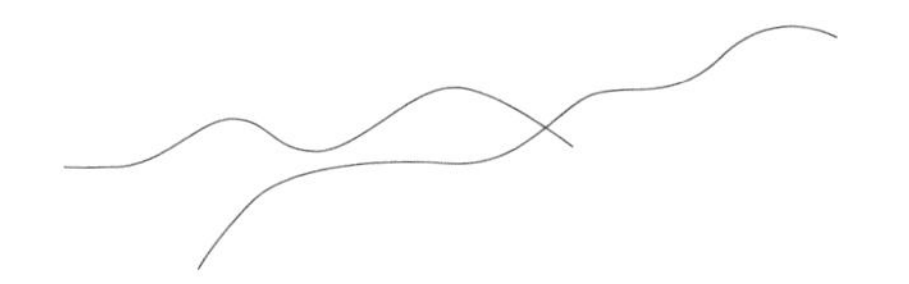

当我们找到了合适的湿地体验地点，出发前该做哪些准备？

一、着装与个人用品

我们出发前需要提前查询当地的天气情况，根据当地天气来选择舒适且合适的着装。在服装颜色的选取上，建议避免过于鲜艳的红橙色系（以免惊吓到某些鸟类），尽量选择接近自然及大地的颜色，如墨绿色、土黄色、棕褐色等（在偏远郊区除外，此时需优先保证观察者的个人安全）。如遇下雨天气或需行至泥泞环境，建议穿着雨鞋并携带雨具；而夏日蚊虫出没时则建议穿着长衣长裤，佩戴遮阳帽，同时携带防晒、防蚊虫叮咬的相关物品；严寒天气需注意携带保暖用品。

如目的地为野外场所，为保证户外安全，还需携带口哨、手电筒、登山杖、安全绳、溯溪鞋等，以及必要的饮水、干粮、收纳袋和卫生用品。此外，如新冠肺炎疫情期间，为保证顺利出行，口罩等防疫物品也必不可少（记得及时了解当地防疫要求）。

二、自然观察用品

一次湿地自然体验所携带的自然观察用品，与本次自然观察的对象和目标有关。可参考下表选取并携带合适的自然观察用品（表5）。

表5　自然观察用品清单示例

物品类别	明细	用途
观察用品	放大镜	帮助观察细致结构和微小部分等
	望远镜	观察远距离鸟类及其远处的生境
	纸质显微镜	观察鸟的羽毛或植物切片
	指南针	辨别方向
	手电筒	夜间照明
记录用品	长焦或微距相机	拍照记录
	手机相关APP或定位设备	记录本次湿地体验的路径、查阅天气、识别类APP查询、拍照等
	温度计、湿度计	测量温度和湿度
	记录用的笔和本子	记录本次自然观察的细节发现和感受，撰写自然笔记
	卷尺或胸径尺	测量观察物体的长度以便记录
	标本采集工具（含花剪、高枝剪、收集瓶、土壤取样器等）	采集标本便于后续观察
教学用品	教学手册（如有）	根据教学手册的指引进行自然观察
	当地动植物图鉴	鉴别查询所观察的物种种类

湿地自然体验注意事项

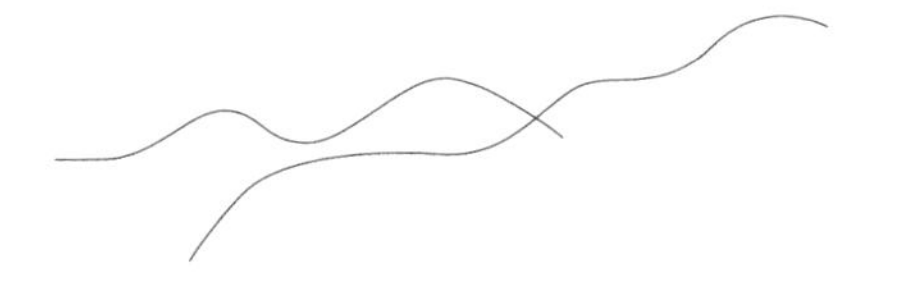

一、建立正确的生态观

我们应该带着强烈的好奇心、敏锐的觉察力、集中于当下的注意力、不急不躁的耐心、尊重生命的虔诚走进大自然，通过五感体验自然，与自然联结；行进过程中把脚步放慢，身子放低，心灵放松，去体会大自然的美妙。

二、提倡爱护大自然的行为

自然体验的终极导向，是人与自然的和谐共生，其中必不可少的一环是每个个体在自然体验当下，主动积极实践保护自然和促进人类可持续发展的行为。在湿地自然体验的过程中，我们可参考无痕山林（leave no trace，简称LNT）核心理念的七大原则。

（1）事前充分的计划与准备。

（2）在承受力范围内的地点行走宿营。

（3）适当处理垃圾。

（4）保持环境原有的风貌。

（5）减少用火对环境的冲击。

（6）尊重野生动植物。

（7）考虑其他使用者。

对于初次进行湿地自然体验的儿童，可以用他听得懂的语言来讲解户外观察的基本守则。

（1）爱护植物，不随意采摘和拉扯植物。

（2）不骚扰任何动物，不肆意捕捉昆虫。

（3）不随意取走大自然的小石头、花、叶、小动物。

（4）管理好自己产生的垃圾，不随意乱抛。

（5）在自然观察的过程中保持安静。

（6）珍惜饮用水，不污染大自然的水源。

此外，我们还倡导在自然观察的同时，做出有影响力的公民环境保护行动。比如，在自然体验的过程中，可同步在互联网上发表当地的生境状况记录；将当天的水质情况上传至“巡河宝”“趣河边”等小程序，或在社交网站上进行生物种类打卡，让更多人关心身边的环境和生物多样性状况；在湿地自然体验过程中发现破坏生态环境的行为，采取合适的手段制止；在公共湿地区域发现电鱼行为，或在禁渔区域内发现垂钓行为，应立即向当地有关管理部门举报。

湿地自然笔记范本

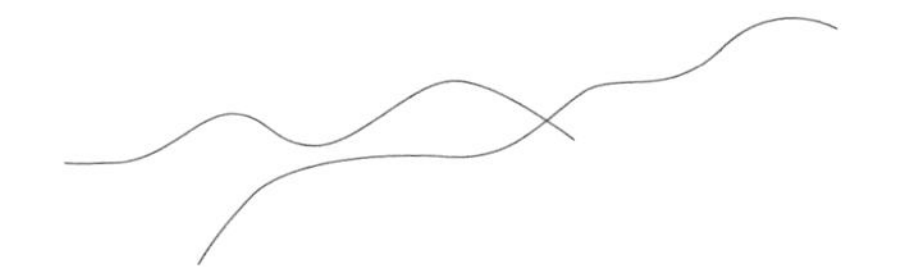

为进一步强化参与者对自然的理解，提升参与者在活动中的专注力，同时，吸收所学习到的知识，增加活动的体验感和活动的产出，在体验中推荐参与者进行自然记录，帮助参与者总结自己的发现，表达自己的感受，并将它呈现出来。自然笔记是其中最有积累意义和生态价值的记录方式，因此，本节主要介绍自然笔记的一般记录方法，供各

不同形式的自然笔记（李羿/供）

位读者参考，读者也可以通过其他材料进行深入学习。

一、什么是优秀的湿地自然笔记作品

自然笔记是用画笔记录自然生物和自然现象的一种方式，是目前国内较为普遍采用的一种自然教育方法。自然笔记对材料的需求较为简单，一支笔、一个本子即可。对于什么是好的自然笔记，行业内暂未全面达成共识。

一部分学者认为，自然笔记本质上是一种科学考察、观察或实验记录。结合该类学者的观点，一份完整的自然笔记需具备以下几个要素。

（1）时间：从大的尺度上来说，不同年份、不同季节的物候时间不同，记录时间有助于开展对比研究。比如，某种花在去年是3月10日开放，今年却是3月22日，但是另一种花是跟着这种花同时开放的，那么，根据记录我们可以发现一定的规律。

（2）地点：记录地点既有助于发现物种及其生境分布的规律，也有助于自己或他人再次找到该地点开展观察。不同地区的物种有差异，同一个物种在不同区域的表现或行为也不同。

（3）天气状况：如温度、湿度和天气现象。记录不同天气情况下的自然现象，有助于我们发现动植物在不同天气情况下的生长状态。

（4）所在地生境特点：可用文字和绘画的形式客观记录所在地的生境特征。

（5）我的观察感想：可运用视觉、触觉、嗅觉、听觉等多种感官对自然进行多角度的近距离观察，以文字的方式记录所观察到的生物的特征。可以用生动的语言来描述特征或现象。鼓励用自己的方式表达，加强理解和记忆，不建议从书籍或网络中直接摘抄。

（6）我的观察速写：速写主要是以图画的方式，对文字描述进行补充和形象化呈现。速写记录应当尽量真实客观，最好对于所记录自然物的尺寸进行测量或估测后标注出来。对于自然物的细节部分可专门绘制细节图。

（7）主题：主题是对自然笔记内容的高度概括，最好有一定的科普性与吸引力。

（8）记录人：和科学观察一样，自然笔记强调对自然世界的客观观察记录，但会与个人的理解充分结合，因此，每个人的笔记都带有一定的主观性。留下记录人的姓名、联系方式等信息，能够让本篇笔记的读者在必要时联系记录人进一步交流。

对于优秀的湿地自然笔记，除了其内容符合上述自然笔记作品创作的基本要点以外，还要着重强调以下几点。

（1）围绕湿地元素进行有主题的自然笔记创作。

（2）观察过程真实，符合逻辑。

（3）作品紧扣主题，具备个人独特的观察与发现，体现作者的观察探究潜质。

（4）文字与画面具备科学性，知识点正确（不直接摘抄网络或书籍资料）。

（5）展现内容具有可读性、艺术性（在排版、绘画、字体等方面）和原创性。

对于不同年龄的观察者，因其认知发展水平不同，作品深度也不同。有学者总结了对不同学段自然笔记作品的深度要求。

（1）1～3年级小学生，能发现一些有趣的自然现象并尝试去思考、解释，即使有思考不合理，解释不科学的地方也无伤大雅，重点是鼓励儿童的创作热情，鼓励儿童为不认识的自然物命名，引导其绘画出自然物的主要特征。

（2）3～6年级小学生，观察细致全面，对发现的现象能准确提出相应的问题，并运用所学的知识对发现的自然现象进行解释；科学观察，准确记录，运用多种测量工具，如尺、温度计、秤等；对细节进行放大描绘，有标尺或尺寸标识实际大小；对不认识的自然物命名能抓住其主要特征；绘画具科普性，能抓住自然物的主要特征，版式设计合理。

（3）7～9年级中学生，作品主题特色鲜明，能做出专题笔记，主题能与课内知识结合；自然笔记的内容能体现出完整的科学探究过程，运用多种测量工具进行科学精准地观测，对不认识的自然物的命名较为合理，绘画较为科学准确；比例协调，版式美观。

（4）10～12年级高中生，围绕科学或自然主题开展自然笔记，将自然笔记作为科学探究过程中的记录工具；主题具有一定的价值和意义，通过探究能得出较为合理的结论；作品中具有统计、测量等科学记录的数据；能够认识常见的动植物，写出其学名或当地俗名；图文并茂，科学绘画，准确记录，版式美观。

另外一部分从业者认为，自然笔记是一种自然记录的形式，作为一种自然观察的工具，可以根据每位观察者的实际情况，或简或繁。上述自然笔记的标准可作为鼓励自然观察者努力的方向，但重点是明晰自然笔记和艺术创作的区别，即对于科学性和客观记录的高度注重。自然笔记作为人类观察、认知、记录世界万物的一种方式，重点在于观察者主动通过画笔和文字等方式，将所观察到的自然万物和感受思考记录下来，成为自然体验中累积的一笔财富。自然笔记贵在坚持，如果能像写日记般坚持，坚持不懈地记录自然的变化，随着时间的增长，就能体现出自然笔记的价值。

二、优秀自然笔记示例

（一）持续观察类

【点评】该作品采用了持续观察的方式，以日记的形式在一个时间段内详细记述了雌雄树蛙从求偶、配对、产卵到孵化的连续过程。绘画虽简单，但较准确地反映了环境、树蛙的主要形态特征及繁殖行为等科学内容，展现了作者良好的科学素养和较强的调查、研究水平。（上图为“听取蛙声一片”自然笔记节选。）

周丹彤 | 听取蛙声一片

西南大学附属中学

指导老师：高红英、罗键

【点评】这幅自然笔记作品详细地记录了红树苗的生长过程，观察详细，排版美观，从中可以看出作者掌握了一定的红树林繁衍生息的科学基础。

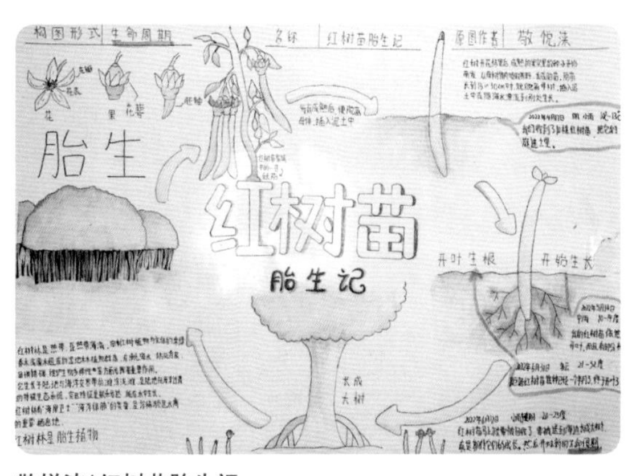

敬悦涞 | 红树苗胎生记

（二）情景记录类

彭子墨 | 池塘边的悄悄话

荣昌区玉屏实验小学

指导老师：杨佳

【点评】该作品通过绘画与文字描述，记录了池塘湿地的典型场景和典型物种，把池塘里多种生物的特征准确地表达了出来。观察的细节表现得很生动，文字描述也很活泼，排版美观，科学性与观赏性具足。发现大自然中每一个生灵的美，需要好奇心和仔细观察，小作者做得很棒！

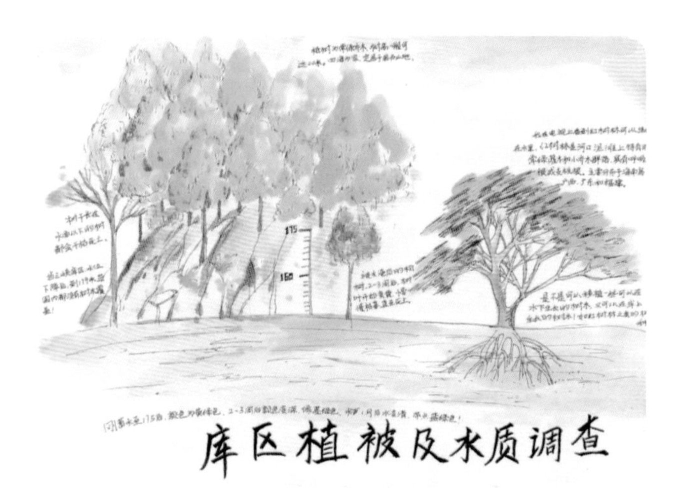

龚玲 | 库区植被及水质调查
云阳县盛堡初级中学

【点评】作者运用了物种观察和记录的方式，描绘了一个生态场景，以及自己的发现：哪些树可以生长在水中，哪些树被水淹没后会枯萎，当前水质如何，以及自己的解决方案。

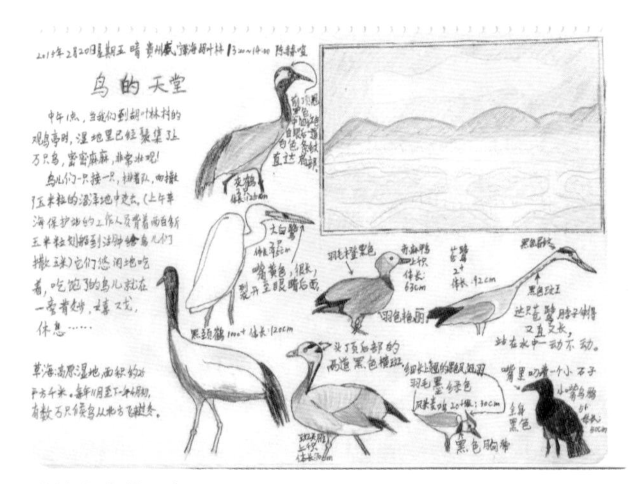

陈赫喧 | 鸟的天堂
华中科技大学附属小学
指导老师：程伟

【点评】作者详细记录了当时在湿地中观察到的鸟类，描述生动形象，对于各个鸟类的识别特征把握到位。

（三）物种描绘类

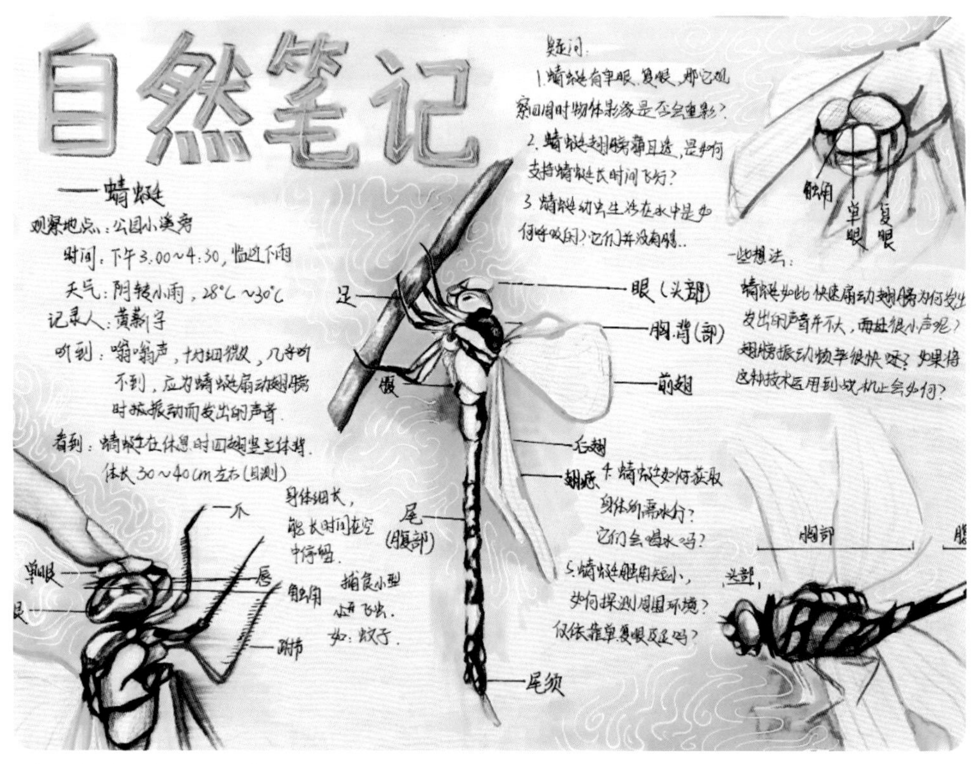

黄薪宇 | 自然笔记——蜻蜓篇

【点评】这幅作品主要记录了作者雨后在公园小溪旁观察蜻蜓的种种动态。作者分别从不同的视角表现了蜻蜓的形态、颜色，且详细地记录了蜻蜓飞行时的姿态和习性，笔触生动而精准。除此之外，作品还包含了作者在观察时一闪而过的灵感及疑问。整幅作品记录了蜻蜓之美的同时也能看出作者对生物科学学习的渴望。

胡蔓|自然笔记——湿地奇遇记

南岸区天台岗雅居乐小学

指导老师：王艺霖

【点评】这幅作品分类记录了湿地植物。作者观察了植物的形态，抓住主要特征进行了描绘。自然教育工作者带领学生到湿地观察植物，学习方法很多，通过查阅资料，在形态观察的基础上，记录挺水植物、沉水植物、浮水植物、湿生植物对湿地环境的适应性，这种拓展教育值得推广。

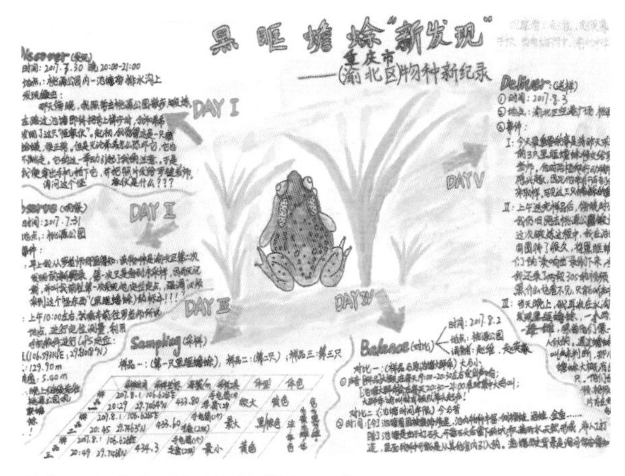

赵维、赵英豪|黑眶蟾蜍“新发现”

【点评】该作品采用了物种描绘和物种日记的方法，在老师的指导下，对黑眶蟾蜍的发现经过、样本形态进行了详细地记录。过程文字描述翔实，绘画和记录同时具有科学性和趣味性，是一幅非常精彩的作品。自然的奥秘就在生活中。

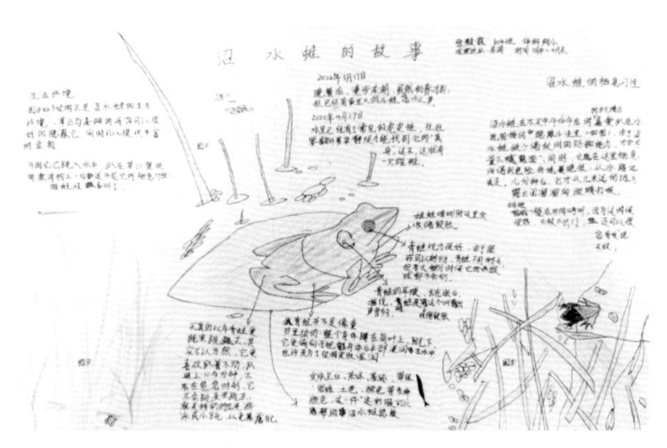

张颢霖|沼水蛙的故事

华中科技大学附属小学

指导老师：熊曳

【点评】作者对沼水蛙的观察细致，有自己的见解，尤其是看到了青蛙的实际状态与童书上的区别，这是观察中难得而宝贵的收获，对作者的观察能力和批判性思维都有一定的锻炼。

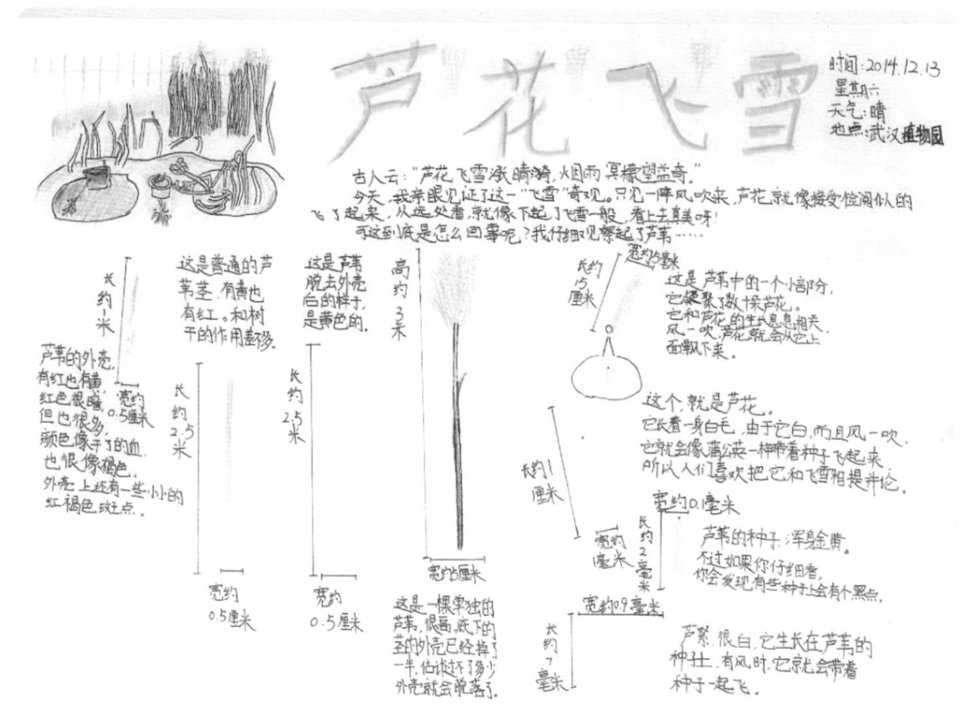

张曦乐 | 芦花飞雪
华中科技大学附属小学
指导老师：程伟

【点评】这两幅作品，作者对芭蕉和芦苇的叶、花、茎都做了十分详尽地观察和描绘，具有科学性，且在观察中不断提出问题，表达感受，并带动读者一起来观察，是非常有代表性的自然笔记佳作。

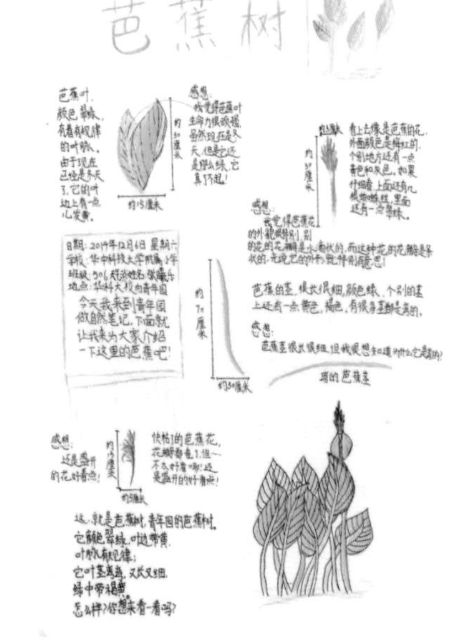

张曦乐 | 青年园芭蕉
华中科技大学附属小学
指导老师：程伟

（四）知识学习宣传类

周璐瑶 | 自然笔记——濑溪河湿地生物多样性
荣昌区学院路小学
指导老师：胡远碧

【点评】这幅作品主要是对青少年参与湿地保护的行为进行了描述。不同于常规对大自然的观察记录，这种记录更多来源于书本、网络、新媒体平台知识学习。通过相关学习了解湿地，通过自然笔记的方式或手抄报方式记录自己的学习心得，向更多的人推送湿地保护知识，这也是开展湿地自然教育的好方法。

（五）旅行日志类

赵艺雯|内蒙古乌兰察布鸟类多样性

指导教师：邹燕红

【点评】这幅作品是作者的旅行日志，记录描绘了乌兰察布白海子湿地的鸟类及自己如何辨识这些鸟类的过程，特别有意义的是在记录鸟类的同时也对湿地保护状况进行了观察并提出了积极的建议，体现了小作者的环境保护责任感。

（五）取样探究类

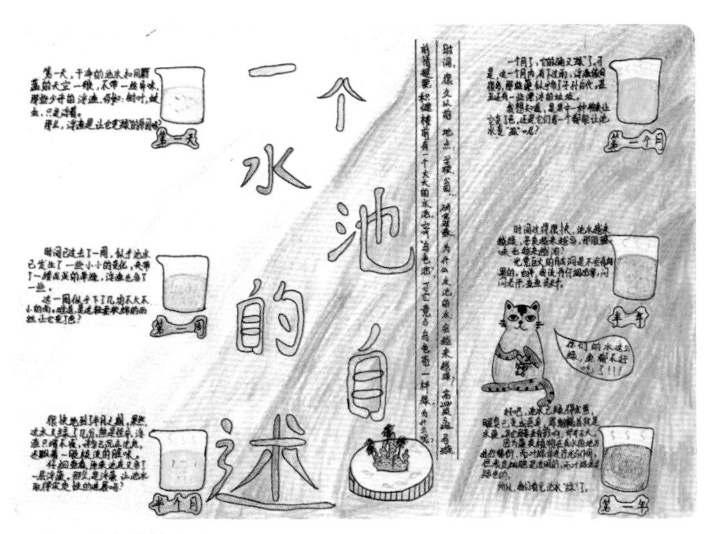

马璇 | 一个水池的自述

【点评】该作品采用了第一人称，对水池变绿的过程和原因进行了探究，有科学的成分，也有想象的成分，二者通过作者的思考相结合，给读者带来独特的启发。

看了这么多优秀的湿地自然笔记，相信大家对于自然笔记创作有了更多的灵感，那就赶快行动起来吧！

参考文献

丁东, 李日辉. 中国沿海湿地研究[J]. 海洋地质与第四纪地质, 2003, 2(23): 109-112.

陈雪初, 戴雅奇, 黄超杰, 等. 上海鹦鹉洲湿地水质复合生态净化系统设计[J]. 中国给水排水, 2017, 33(20): 66-69.

陈雪初, 高婷婷. 上海鹦鹉洲滨海盐沼湿地的恢复经验与展望[J]. 园林, 2018(07): 48-52.

陈正言, 杨雪. 大庆湿地的自然生态过程与文化价值[J]. 大庆社会科学, 2008(03): 41-43.

高云芳, 郭芳芳, 张媛媛, 等. 黄河三角洲滨海湿地经济 · 生态 · 社会功能综述[J]. 安徽农业科学, 2020, 48(23): 23-27.

关开朗, 张信坚, 谭广文, 等. 深圳市红树林典型群落的物种组成及结构多样性研究[J]. 生态科学, 2021, 40(04): 83-91.

国家林业局湿地保护管理中心, 世界自然基金会. 生机湿地——中国环境教育课程系列丛书[M]. 北京: 中国环境出版社, 2016.

红树林基金会. 中国湿地教育中心创建指引[M]. 北京: 中国林业出版社, 2021: 180-181.

胡宗辉. 自然教育视角下的湿地公园规划设计研究——以福建闽江河口湿地公园为例[D]. 北京: 北京林业大学, 2021.

季鑫. 城市湖库湿地不同生境鸟类取食策略及影响因子探究[J]. 中国科技教育, 2021(12): 30-31.

李芬, 孙然好, 陈利顶. 北京城市公园湿地休憩功能的利用及其社会人口学因素[J]. 生态学报, 2012, 32(11): 3565-3576

刘文清. 情意自然教育体验课程(4~6年级)[M]. 北京: 中国林业出版社, 2020.

吕德妍, 马玉堃. 黑龙江省主要湿地生物资源的文化与社会功能探析——以扎龙国家级自然保护区为例[J]. 价值工程, 2011, 30(12): 300.

马嘉, 高宇, 陈茜, 等. 城市湿地公园的鸟类栖息地生境营造策略研究——以北京莲石湖公园为例[J]. 中国城市林业, 2019, 17(05): 69-73.

牛永君, 王艳萍. 唐海湿地功能研究[J]. 科学技术与工程, 2007(11): 2610-2613.

秦毓茜. 漫谈湿地功能[J]. 农业与技术, 2007(01): 88-90.

全国自然教育网络. 自然教育通识[M]. 北京: 中国林业出版社, 2021.

饶戈. 香港昆虫图鉴[M]. 香港: 香港鳞翅目学会, 野外动向, 2006.

深圳市城管局, 深圳市林业局. 草木深圳都市篇[M]. 深圳: 海天出版社, 2017.

宋爽, 田大方, 毛靓. 基于AHP的国家湿地公园社会功能评价[J]. 云南大学学报(自然科学版),

2019, 41(06): 1265-1271.
同里国家湿地公园. 对话同里湿地[M]. 北京: 中国林业出版社, 2020.
王恺强. 公众湿地保护参与意识浅析——以西安浐灞国家湿地公园为例[J]. 陕西林业科技, 2013(04): 100-102.
王自磐. 浙江省滨海湿地生态结构与经济功能分析[J]. 东海海洋, 2001(04): 51-57.
吴刚平, 2002. 课程资源的分类及其意义(一)[J]. 新理念, 2002(09): 4-6.
吴威, 李彩霞, 陈雪初. 基于生态系统服务的海岸带生态修复工程成效评估——以鹦鹉洲湿地为例[J]. 华东师范大学学报(自然科学版), 2020(03): 98-108.
游仁义, 余先怀, 蒋启波, 等. 湿地公园科普宣教体系构建: 以重庆梁平双桂湖国家湿地公园为例[J]. 湿地科学与管理, 2022, 18(02): 61-64.
于秀波. 中国沿海湿地保护绿皮书(2017)[M]. 北京: 科学出版社, 2018.
俞小明, 石纯, 陈春来, 等. 河口滨海湿地评价指标体系研究[J]. 国土与自然资源研究, 2006(02): 42-44.
渔农自然护理署. 娃娃世界香港两栖动物图鉴[M]. 香港: 天地图书, 2005.
岳伟, 杨雁茹. 把国家公园作为开展自然教育的天然宝库[J]. 人民教育, 2022(1): 42-44.
张春松, 杨华蕾, 由文辉, 等. 新恢复湿地对近岸水域水质的净化效果研究[J]. 中国给水排水, 2021, 37(03): 65-68+73.
张立娜, 等. 鸟类观察笔记: 广东银排岭卷[M]. 北京: 中国林业出版社, 2021.
张巍巍, 李元胜. 中国昆虫生态大图鉴[M]. 重庆: 重庆大学出版社, 2011.
张媛. 城市绿地的教育功能及其实现[D]. 北京: 北京林业大学, 2010.
周葆华, 操璟璟, 朱超平, 等. 安庆沿江湖泊湿地生态系统服务功能价值评估[J]. 地理研究, 2011, 30(12): 2296-2304.
AAZAMI M, SHANAZI K. Tourism wetlands and rural sustainable livelihood: the case from Iran[J]. Journal of Outdoor Recreation and Tourism, 2020, 30 (2020): 1-13.
COMER G L. Master Watershed Stewards [M]. Columbus, Ohio: Ohio State University, 1997.
FURIHATA S, NINOMIYA L S, NOGUCHI F, et al. The prospective applications of resilience research and the renewal of environmental

education—the power of community confronting disasters[J]. Japanese Journal of Environmental Education, 2013, 22: 47-58.

KODAMA T. Environmental education in formal education in Japan[J]. Japanese Journal of Environmental Education, 2017, 26(4): 21-26.

MICKELSON B, BARR N, COWAN P, et al. Discovery: an introduction. (Alaska Sea Week Curriculum Series)[M]. Fairbanks, Alaska: University of Alaska, 1983.

MYERS M R. A student and teacher watershed and wetland education program: extension to promote community social-ecological resilience[J]. Journal of Extension, 2012, 50 (4): 4.

RAMSAR C. Resolution Vi. 19: education and public awareness[J]. Proceedings of the 6th Meeting of the Conference of the Contracting Parties, 1996: 2.

STEELQUIST R, GORDON D. Educating for action: more success stories from Puget sound[M]. Olympia, Washington: Puget Sound Water Authority, 1993.

TABIRAKI K, ALLEN D. Research and trends in the field of wetlands education: a bibliometric analysis of journals in the U. S.[J]. Wetland Research, 2021, 11: 5-25.

Abstract

Wetland, also known as "the earth's kidney" and "reservoir of genetic diversity", is one of the world's most important ecosystems. It has critical ecological functions, such as water conservation, water purification, biodiversity maintenance, flood storage, drought prevention, climate regulation, and carbon fixation. Besides, it also plays a vital role in maintaining ecosystems, food, water resources and biosecurity, and in combating climate change.

The Chinese government joined the *Convention on Wetlands of Importance Especially as Waterfowl Habitat* (*Convention on Wetlands* for short) in 1992 and became the 67th contracting party. Since then, the Chinese government and international communities have actively addressed global challenges, such as area reduction and ecological function degradation of wetlands. The *Wetland Protection Law of the People's Republic of China* (hereafter referred to as the *Wetland Protection Law*) took effect on June 1, 2022. According to the law, the country encourages organizations and individuals to host activities such as experiencing nature and ecological education that comply with requirements for wetland protection. Wetland education is an integral part of wetland protection. Through a series of educational activities, scientific knowledge can be combined with local protection experience so that the public can understand wetlands, participate in wetland protection actions, and support the sustainable development of wetlands.

In traditional paradigms, wetlands are regarded as wastelands; hence, there has been a stronger intention to exploit than to conserve wetlands. In particular, the public is unaware of wetlands' critical role in social and economic development. Therefore, to reasonably use wetlands and ensure the health of wetland ecosystems, it is necessary to carry out a series of wetland protection awareness activities and comprehensive nature-based education activities to introduce the importance of wetlands and the urgency of wetland protection to the general public.

This book is part of the *Popular Science Series of Wetlands in China*. It is the first documentary book in China that narrates stories of nature-based wetland education in the country. By presenting as case studies of the work of representative nature educators focusing on various types of wetlands (e.g. river wetlands, lake wetlands, coastal wetlands, constructed wetlands including urban wetlands and rural wetlands), wetland birds, and wetland plants, the book illustrates the ways to capitalize resources and advantages of specific wetlands in nature education, highlights the characteristics of ecological and environmental education, and showcases the achievements of wetland nature education in the country.

The book is divided into three parts and includes six chapters.

The first part (Chapter 1) introduces wetlands' function, educational value, and the urgency of wetlands-based education activities. It provides a synopsis of the practices of nature-based education in wetlands, both in China and overseas, with a major focus on its concept, development, training system, curriculum, and activity implementation to help readers better understand the general idea and the modes of development of wetland education.

The second part of this book (Chapter 2 to Chapter 5) introduces notable examples of nature-based activities in river wetlands, lake wetlands, coastal wetlands, and artificial wetlands in China, summarising the locations, the planning and design of these nature education activities, as well as an evaluation of these cases. These cases cover various parks, nature reserves, youth extracurricular activity camps, colleges and universities, environmental protection foundations, and commercial institutions. These cases can serve as a reference for future nature-based education.

The third part of this book (Chapter 6) provides a practical guideline for the general public to find the most suitable wetland natural experience and natural recording method by providing suggestions on how to search for suitable wetlands, how to arrange appointment visits, information on related institutions, how to search and registration activities, equipment and precautions for the visits, and the making of natural wetland notes. We hope these tips give readers a pleasant impression of the wetlands' natural ecological environment.

Compared with similar books, this book is China's first compilation of wetland nature-based environmental education cases. All the cases have been verified by practice, reflecting the popular, exploratory, experiential, practical, engaging, and replicable nature of nature-based education in wetlands. The experience and method consolidated from these cases can be used to popularize wetland education and demonstrate the achievement of China's wetland protection in the International

Wetland Conference.

Wetland education plays a vital role in guiding the public to correctly understand wetlands, cultivating the public's interest in wetlands, developing friendly relations and cooperative behaviors between humans and wetlands, and forming a sustainable wetland protection concept. The cases in this book help readers understand the wetland resources, formulate practical principles, design activity themes, guide courses and research, and other natural education science dissemination activities. It also provides the theory and practical experience that can be publicized for China's popular science education of wetland protection.

China's wetlands are vast and boundless, giving us the abundant opportunity to devise and implement wetland education projects. Wetland natural education has just begun in China. Generous sharing and interchange of experiences are critical for enhancing wetland education, motivating more people and protecting a broader wetland environment. This book demonstrates China's achievement in wetland nature-based education and distills essential methods for wetland education. It is hoped that the book can stimulate ideas and interflow among scholars in China so that we can all work together to bring wetland education to a greater audience and promote ecological civilization.